JN212887

論理的思考力ナゾトレ

第3ステージ

サード

レベル 1

北村良子 著

金の星社

はじめに

　近年の教育課程では、問題のこたえにたどりつくまでの思考のプロセスをたいせつにする流れがあります。どうしてそうなったのか、どうしてそのこたえになったのかを正しく理解していくためには論理的思考力がたいせつです。論理的思考力とは、考えをしっかりと積みあげたり、食いちがいがないように組み立てたりしていくための力です。物事を言葉でわかりやすく伝えられる人は論理的思考力が高い人です。この力は日常生活でも、ビジネスでも、つねにあなたをサポートしてくれる心強い味方です。

　本書は、論理的思考力を楽しみながらはぐくむためにつくられたクイズ＆パズル集です。論理的思考力を身につけるために高めたい５つの力をピックアップし、５つの章でとりくんでいきます。

　最初の章は、「思考力の基礎をかためよう」です。基礎をかためることで、論理的に考えるイメージをつかむことができます。「突破のポイントをさぐろう」の章では、問題のなかにかくされたものを発見する力を身につけます。つぎに、２つ以上のなにかをくらべる「比較から解決にみちびこう」の章にすすみましょう。つづく「すみずみまで観察しよう」の章では、目でみたものからどれだけ多くの情報をつかめるかが重要です。最後の「思考をすすめる力をつけよう」の章では、思考を前へ前へとすすめていき、こたえにたどりつく力を手にいれましょう。

　論理的思考力は本書の問題に楽しくとりくむことで自然と身についていきます。さっそく問題をといていきましょう。

北村 良子

も　く　じ

はじめに ………………………………………………………………………… 2

第1章　思考力の基礎をかためよう ………… 5

① ピースでつくる数 ………………………………………………… 7
② ぴったり払おう！ ………………………………………………… 9
③ ナンバープレース・ミニ ……………………………………… 11
④ 三姉妹が食べたい料理 ………………………………………… 13
⑤ マスうめ計算パズル …………………………………………… 15
⑥ ペットの飼い主はだれ？ ……………………………………… 17
⑦ 連鎖数字パズル ………………………………………………… 19
⑧ テニスの総当たり戦 …………………………………………… 21
⑨ マイクロバスの座席 …………………………………………… 23

第2章　突破のポイントをさぐろう ………… 25

⑩ 上までのぼろう！ ……………………………………………… 27
⑪ マークをつなごう！ …………………………………………… 29
⑫ ペアのマーク …………………………………………………… 31
⑬ おなじ数のタイル ……………………………………………… 33
⑭ 立体迷路 ………………………………………………………… 35
⑮ 3種類のマスをとおって ……………………………………… 37

第3章　比較から解決にみちびこう ………… 39

⑯ 積みあげたブロック …………………………………………… 41
⑰ ○と□にはいる数字 …………………………………………… 43
⑱ ジグソーピース ………………………………………………… 45
⑲ スイーツの値段 ………………………………………………… 47
⑳ 風船あがれ！ …………………………………………………… 49
㉑ つなげてタウンマップ ………………………………………… 51
㉒ 合計をそろえよう！ …………………………………………… 53
㉓ 動かしたピース ………………………………………………… 55
㉔ 図形の一部 ……………………………………………………… 57

第4章 すみずみまで観察しよう …………… 59

- 25 おなじピースをさがして ……………………………61
- 26 立方体の展開図 ………………………………………63
- 27 ロボット監視迷路 ……………………………………65
- 28 立体イメージパズル …………………………………67
- 29 4ピースひらがなパズル ……………………………69
- 30 回転まちがいさがし …………………………………71
- 31 タイルを動かして ……………………………………73
- 32 かくされた正方形 ……………………………………75
- 33 宝箱をもって脱出 ……………………………………77

第5章 思考をすすめる力をつけよう ……… 79

- 34 上からとって！ ………………………………………81
- 35 びっくりトンネル ……………………………………83
- 36 宝石をさがせ！ ………………………………………85
- 37 数字にかくされた枠 …………………………………87
- 38 移動するロボット ……………………………………89
- 39 クロスボックス ………………………………………91
- 40 計算マスフレーム ……………………………………93

解答・解説 …………………………………………………95

この本の見方

問題のページをめくると、ヒントのページが用意されています。まずはヒントをみないで考えましょう。もし、わからなければ「ヒント1」、それでもわからなければ「ヒント2」をみてみましょう。解答と解説は 95 ページ以降に掲載されています。

問題のテーマ

テーマは5つあります。問題はテーマべつにわかれています。

レベルマーク

☆　やさしい

☆☆　ふつう

☆☆☆　むずかしい

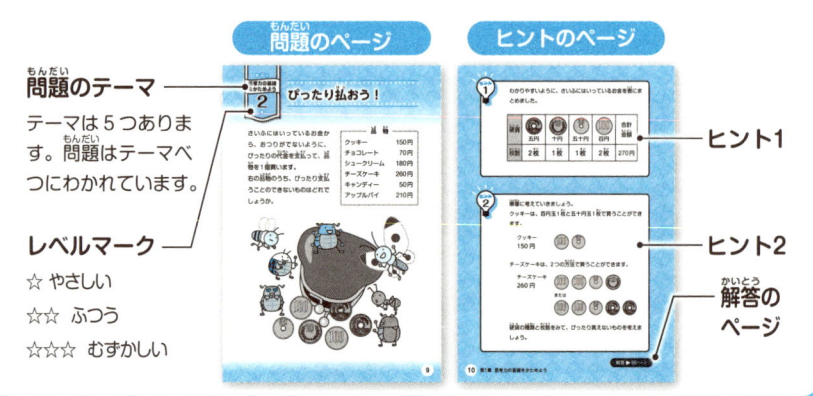

問題のページ　　ヒントのページ

ヒント1

ヒント2

解答のページ

第1章

思考力の基礎をかためよう

思考力の基礎をかためよう

　問題をとくためにまず必要なのは、問題文をしっかりと読むことです。問題文をよく理解することで、思考していくための準備をしましょう。この章には、そのトレーニングをするための問題がそろっています。

　問題文を前にしたら、なにを聞かれているのか、どんな条件があるのか、なにがわかっていて、なにがわかっていないのかなど、要点をつかみながら、ていねいに読みとっていきましょう。

　頭のなかでなかなか理解できないときは、紙にかきだしてみたり、図や表をつくってみたりして、自分なりにくふうして考えやすくしていくと、問題がときやすくなります。

　問題を読む段階で、かんちがいをしたり、まちがえたりすると、正しいこたえにいきつくことができなくなってしまうので、気をつけて読みましょう。

ピースでつくる数

「0」と「00」、1けたの数字がかかれたピースがあります。すべてのピースを組みあわせて、いくつかの数をつくり、その合計が指示した数になるようにしてください。

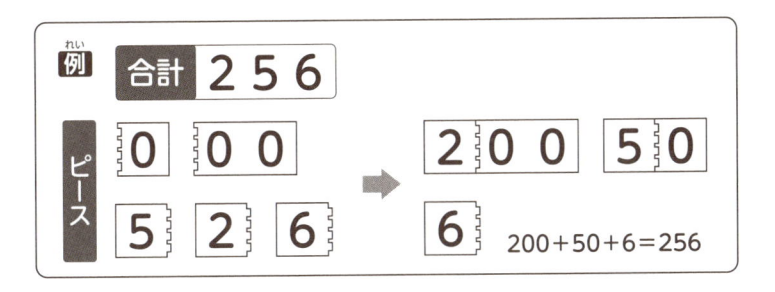

例

合計 2 5 6

ピース
0 | 0 0
5 | 2 | 6

→

2 0 0 | 5 0
6

200＋50＋6＝256

合計 9 2 5

ピース
0 | 0 0
1 | 2 | 4 | 9

合計が925なので、まずは百の位をあらわす900をつくってみましょう。

合計 **9** 2 5

ピース

9 0 0

「9」と「00」を組みあわせて「900」をつくる。

0 **1** **2** **4**

つぎは「0」につけるピースをさがしましょう。合計の十の位の数は「2」です。

合計 9 **2** 5

ピース

1

2

4

0

ピースはすべて使うことになる。

解答 ▶ 96ページ

ぴったり払おう！

さいふにはいっているお金か
ら、おつりがでないように、
ぴったりの代金を支払って、品
物を1個買います。
右の品物のうち、ぴったり支払
うことのできないものはどれで
しょうか。

品　物	
クッキー	150円
チョコレート	70円
シュークリーム	180円
チーズケーキ	260円
キャンディー	50円
アップルパイ	210円

ヒント1

わかりやすいように、さいふにはいっているお金を表にまとめました。

硬貨	五円	十円	五十円	百円	合計金額
枚数	2枚	1枚	1枚	2枚	270円

ヒント2

順番に考えていきましょう。

クッキーは、百円玉1枚と五十円玉1枚で買うことができます。

クッキー
150円　

チーズケーキは、2つの方法で買うことができます。

チーズケーキ
260円　

または

硬貨の種類と枚数をみて、ぴったり買えないものを考えましょう。

解答 ▶ 96ページ

ナンバープレース・ミニ

ルールにしたがって、空らんのマスに数字をいれてください。

ルール

① タテの列には、1〜4の数字が1つずつはいる。

② ヨコの列には、1〜4の数字が1つずつはいる。

③ 太線の枠のなかには、1〜4の数字が1つずつはいる。

	3		2
		1	3
4			1
3		2	

ルール①から、青のマスにはいるのは、「4」だとわかります。

	3		2
		1	3
4			1
3		2	

2つの青のマスにはいる数字を考えます。ルール③から、こたえがわかります。

	3		2
		1	3
4			1
3		2	4

解答 ▶ 97ページ

三姉妹が食べたい料理

ハルナ、ナツミ、アキエの三姉妹は、それぞれ誕生日に食べたい料理があります。

Ⓐ～Ⓓの説明を読んで、だれがどの料理を食べたいのかこたえてください。

説 明

Ⓐ
3人の食べたい料理は、すきやき、ビーフシチュー、ちらし寿司で、みんなちがいます。

Ⓑ
ナツミが食べたいのは、ちらし寿司ではありません。

Ⓒ
ハルナが食べたいのは、ちらし寿司かビーフシチューです。

Ⓓ
アキエが食べたいのは、すきやきでも、ちらし寿司でもありません。

名前	ハルナ	ナツミ	アキエ
料理			

説明を確認しましょう。まず、**B** をべつの言葉であらわしてみます。

B ナツミが食べたいのは、ちらし寿司ではありません。

三姉妹が食べたい料理
すきやき
ビーフシチュー
×ちらし寿司

べつの言葉で
いいかえると

B ナツミが食べたいのは、すきやきかビーフシチューです。

名前	ハルナ	ナツミ	アキエ
料理		すきやきか ビーフシチュー	

D から、アキエが食べたい料理はビーフシチューだとわかります。

D アキエが食べたいのは、すきやきでもちらし寿司でもありません。

名前	ハルナ	ナツミ	アキエ
料理			ビーフシチュー

解答 ▶ 98ページ

マスうめ計算パズル

計算パズルがあります。あいている○と□にあてはまる数字を
いれてください。ただし、○には、1〜6の数字が1つずつはい
ります。□には、線でつながった数字と記号による計算結果が
はいります。

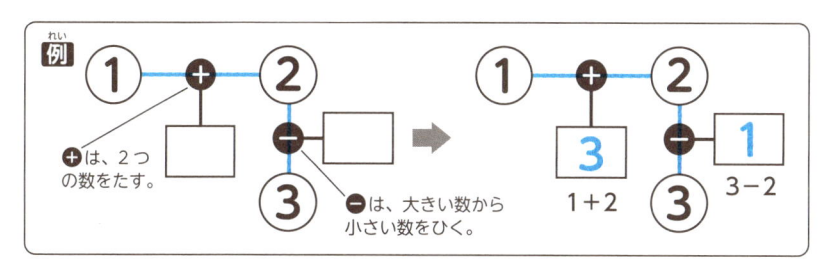

例

① — ➕ — ②
➕は、2つ
の数をたす。

② — ➖ — □
③
➖は、大きい数から
小さい数をひく。

➡

① — ➕ — ②
3
1+2

② — ➖ — 1
3−2
③

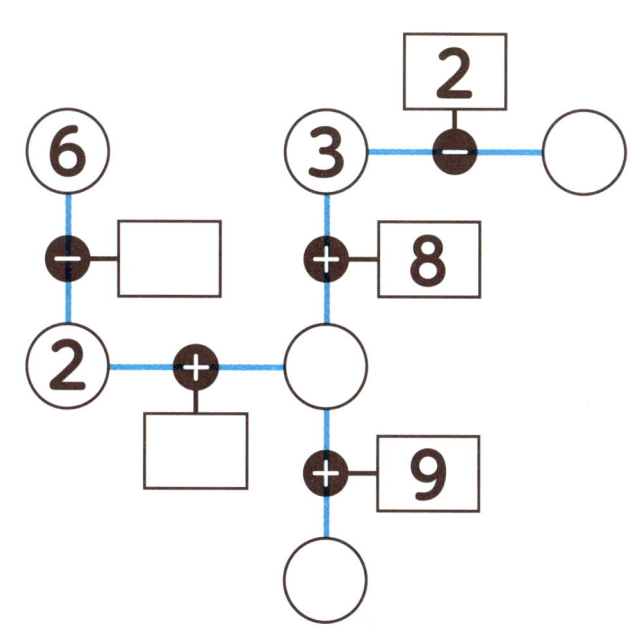

〇には1～6が1つずつはいるので、あいている〇にはいるのは「1」「4」「5」のいずれかです。

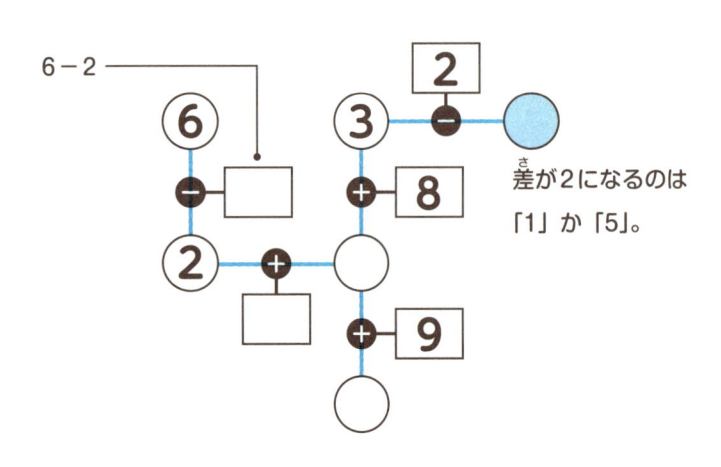

6－2

差が2になるのは「1」か「5」。

ヒント1では、右上の〇にはいる数字が「1」か「5」か、きめられませんでした。ほかに目をむけてみましょう。

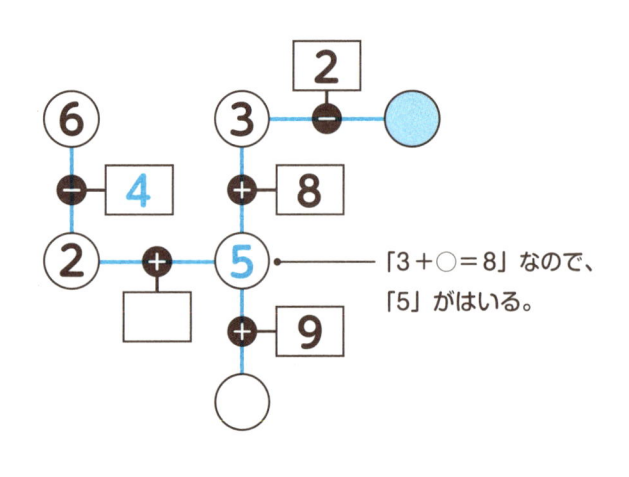

「3＋〇＝8」なので、「5」がはいる。

解答 ▶ 98ページ

ペットの飼い主はだれ？

イヌとネコが2ひきずついます。それぞれの飼い主は、マリ、ユウト、ミナ、ケンジのいずれかです。

Ａ〜Ｅの説明を読んで、それぞれが飼っているペットの名前をこたえてください。

説明

Ａ イヌの名前はココアとミルク、ネコの名前はミケとムギです。

Ｂ ユウトはイヌを飼っています。

Ｃ ミナはココアかムギを飼っています。

Ｄ マリのペットはココアでもムギでもありません。

Ｅ ミケの飼い主はユウトかケンジです。

ココア　　　　ミルク　　　　ミケ　　　　ムギ

飼い主	マリ	ユウト	ミナ	ケンジ
ペットの名前				

A、**B**、**D** からわかることを整理してみましょう。

B ユウトはイヌを飼っています。

ココア　　　ミルク　　　ミケ　　　ムギ

D マリのペットはココアでもムギでもありません。

ココア　　　ミルク　　　ミケ　　　ムギ

D から、マリのペットはミルクかミケになります。
E から、ミケの飼い主はマリではないので、マリはミルクを飼っていることがわかります。

E ミケの飼い主はユウトかケンジです。

ミケ　　飼い主はユウトかケンジ　→　ミルク　飼い主はマリ

飼い主	マリ	ユウト	ミナ	ケンジ
ペットの名前	ミルク			

解答 ▶ 99ページ

連鎖数字パズル

ルールにしたがって、□に1〜9のどれかの数字をいれてください。

ルール

丸でかこんだ数字は、太線の枠のなかにある数の合計。
点線でつながった□には、おなじ数字がはいる。
1つの太線の枠には、おなじ数字ははいらない。

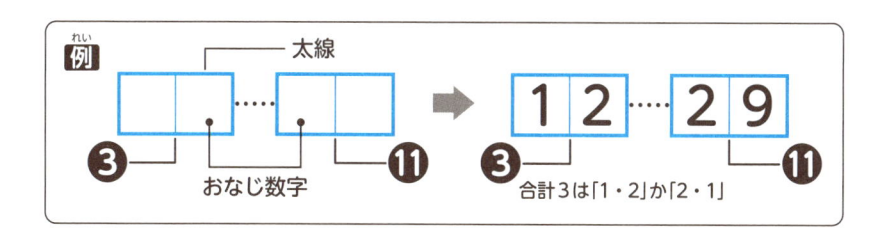

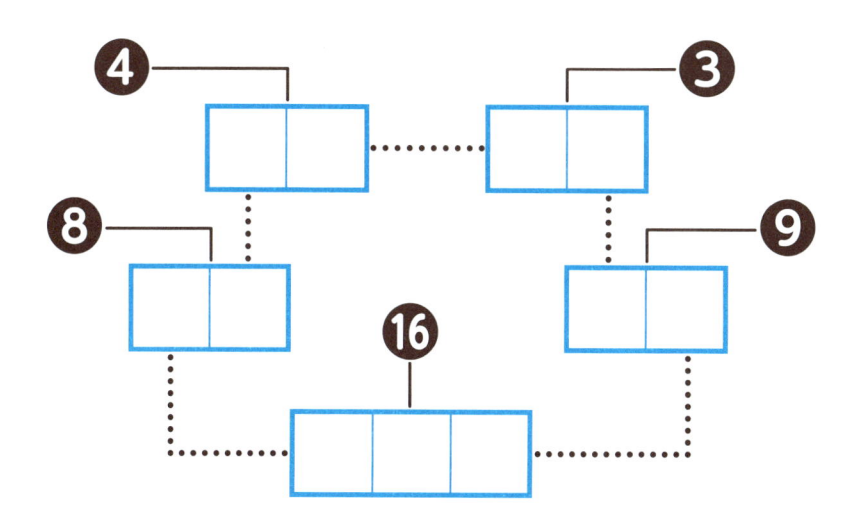

丸でかこんだ数字から、太線の枠にはいる数字を推理しましょう。❹の場合、2つのマスにはいる数字は「1・3」か「3・1」です。

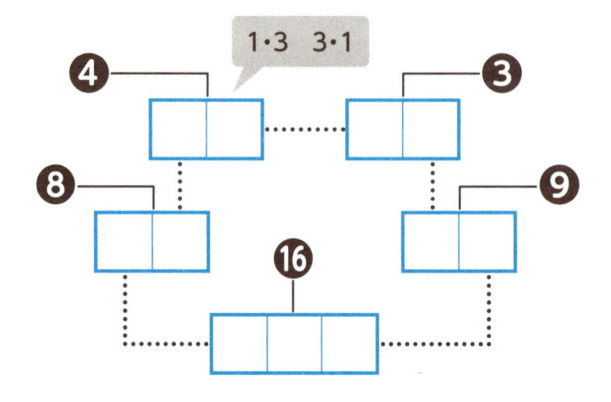

❸では、2つのマスにはいる数字は「1・2」か「2・1」です。したがって、❸と❹の点線でつながっているマスには、おなじ「1」がはいることになります。そこで、❹のマスには「3・1」、❸のマスには「1・2」がはいります。

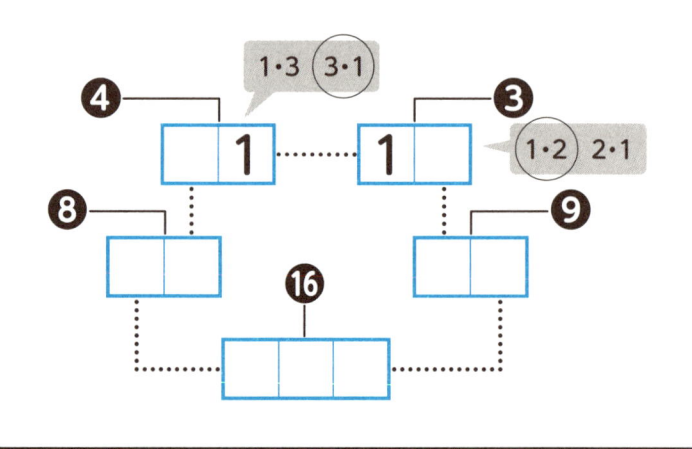

解答 ▶ 100ページ

テニスの総当たり戦

A、B、C、Dの4人でテニスの試合をおこない、それぞれ、ほかの3人と1対1で対戦しました。メモをもとにして、リーグ表を完成させてください。ただし、ひきわけはないものとします。

 メモ

Aは2勝1敗でした。

Bは0勝3敗でした。

Cは1勝2敗でした。

リーグ表の見方（3人によるリーグ戦の例）

	A	B	C
A		○	○
B	×		○
C	×	×	

表はヨコにみる。
AはBとの対戦に勝ち（○）、BはAとの対戦に負けている（×）。
Aは2勝0敗になる。

〈リーグ表〉

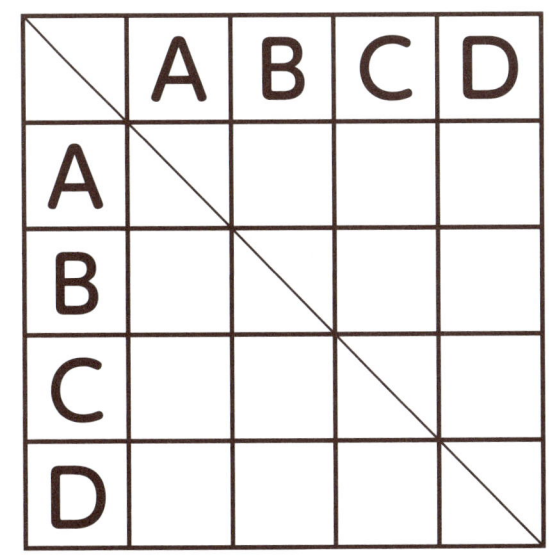

	A	B	C	D
A				
B				
C				
D				

ヒント1

総当たり戦は、各参加者（団体や個人）がすべての相手と1回以上対戦する方式です。つぎの表のように対戦結果をあらわします。

Aの対戦結果は、ヨコに記入する。

Aの対戦結果がわかれば、ここも記入できる。

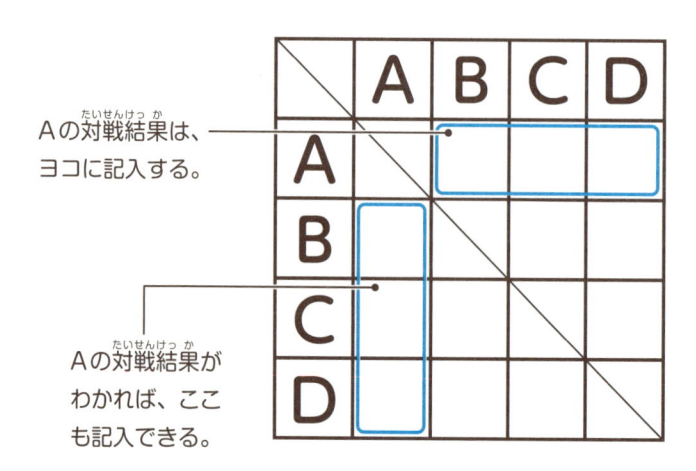

ヒント2

勝ちは〇、負けは×として、勝敗をリーグ表にまとめてみましょう。まず、Bについてのメモを記入します。

Bが0勝3敗ということはA・C・Dに負けている。A・C・DはBに勝っている。

解答 ▶ 101ページ

マイクロバスの座席

アオイ、ダイスケ、ユイナ、アサヒの4人は、マイクロバスで買い物にでかけました。Ⓐ〜Ⓓは、4人がすわっている座席の位置です。

説明を読んで、それぞれがどこにすわっているかこたえてください。

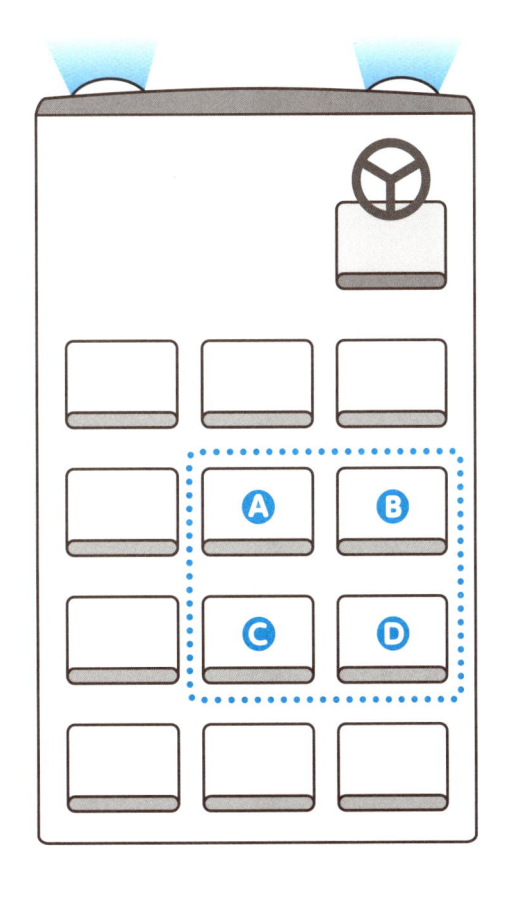

説明

ユイナの真うしろにダイスケがすわっています。

アオイは窓側の座席にすわっています。

アサヒは4人の座席の前側にすわっています。

「ユイナの真うしろにダイ
スケがすわっています」と
あるので、ユイナとダイス
ケの座席の位置は、右のよ
うになります。

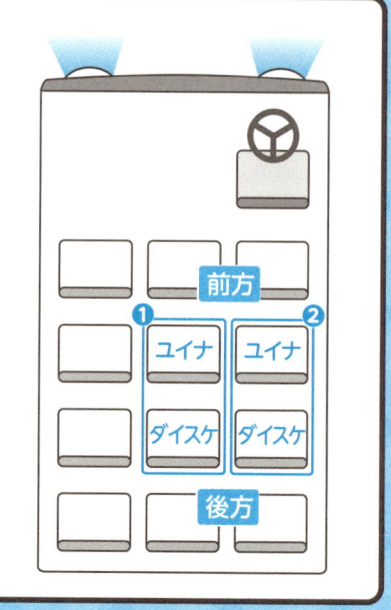

ユイナとダイスケの座席
は、❶か❷のどちらか
のパターンになる。

「アオイは窓側の座席
にすわっています」と
いう説明を考えてみま
しょう。

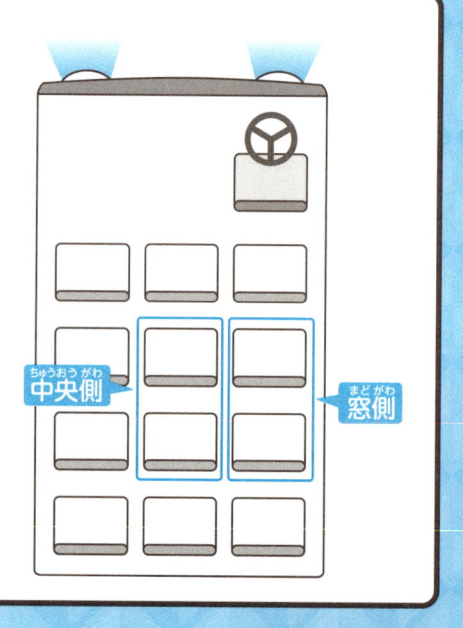

解答 ▶ 102ページ

第2章
突破のポイントをさぐろう

突破のポイントをさぐろう

　問題のなかにかくされたこたえや、こたえにたどりつくための突破口をさがしていく章です。「こたえにいきつくためのポイントはなにかな？」と考えながら、といてみてください。

　まずはよく考えてみて、どうしてもわからないと感じたら、問題文をもう一度理解しなおすように読み、それまでとはちがう方向からといてみましょう。

　そうやって考えつづけてみても、なかなかこたえがわからないときは、みおとしている部分がないかを考えながら問題全体をみなおしてみると、気がつくことがあるかもしれません。それまでの思考をいったんやめて、ちがう部分に注目するのもよい方法です。

　この章では、考え方を変化させる力を身につけ、思考方法をふやすトレーニングをしましょう。

上までのぼろう！

スタートのブロックから、ゴールのブロックまでのぼります。ブロックは1段ずつしかのぼれず、下の段におりることはできません。また、ナナメにすすむこともできません。

どのような道順ですすめばよいでしょうか。

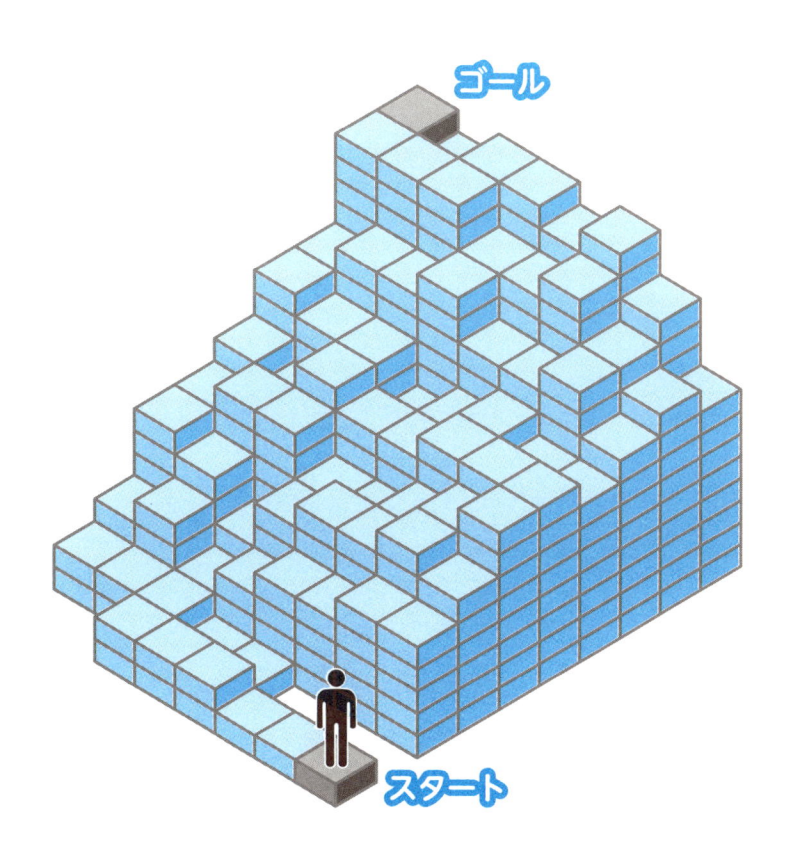

ゴール

スタート

スタートのあと、矢印のように道が2つの方向にわかれます。両方の道をためしてみましょう。

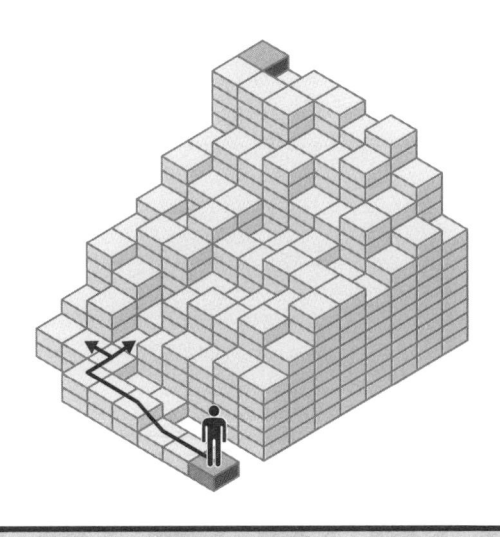

ブロックをおりたり、いっきに2段のぼったりすることはできません。

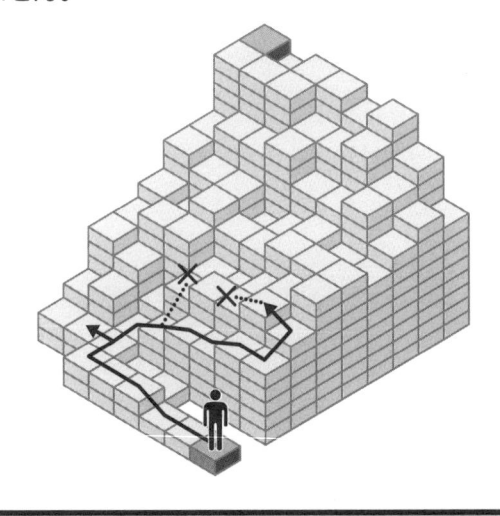

解答 ▶ 103ページ

マークをつなごう！

ルールにしたがって、マスにあるおなじマーク同士（どうし）を線でつないでください。

ルール

線はすべてのマスを1回ずつとおる。
マークをこえて線をつなぐことはできない。
ナナメに線をつなぐことはできない。

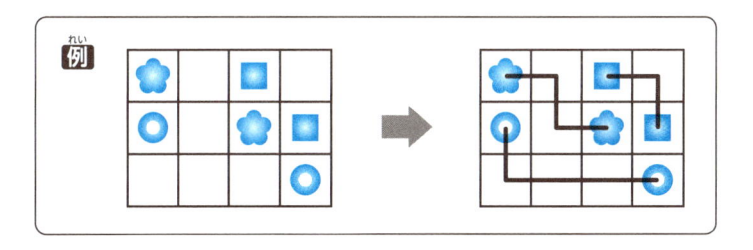

例（れい）

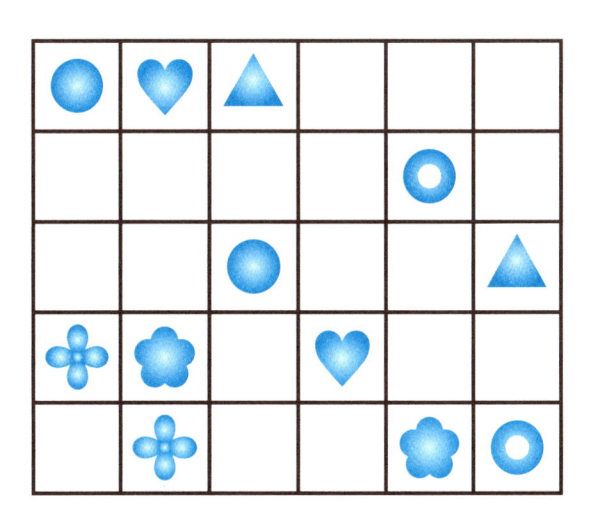

まずは、いくつかのマークを線でつないでみましょう。
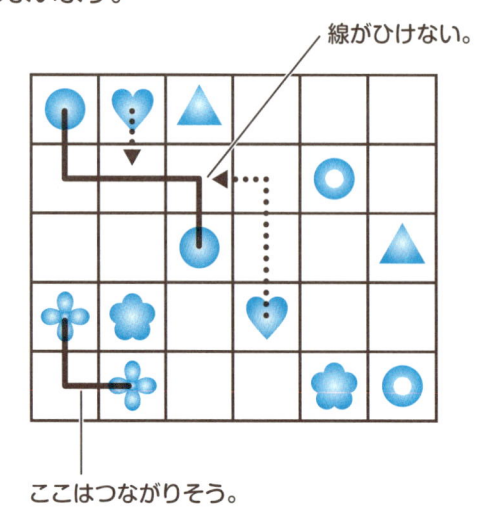を下の図のようにつなぐと、💙をつなぐ線がひけなくなってしまいます。

線がひけない。

ここはつながりそう。

を下の図のように線でつなぐと、2つの💙をつなぐことができました。残りのマークもつないでいきましょう。

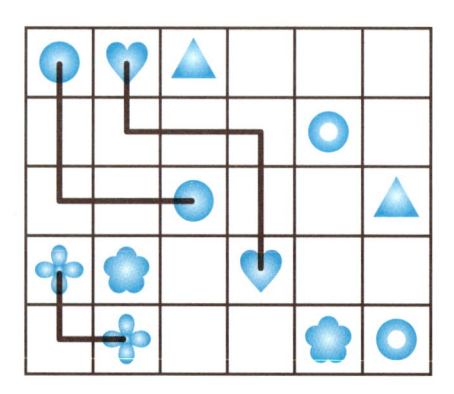

解答 ▶ 103ページ

ペアのマーク

おなじマークが2つずつペアになるように、すべてのマークを直線でつないでください。ただし、直線は、ほかの線と交差したり、マークにふれたりしてはいけません。

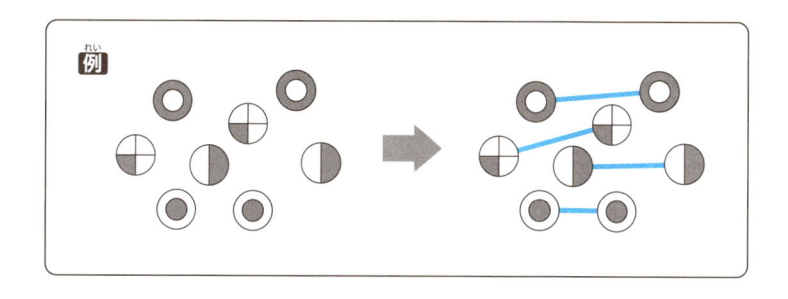

例

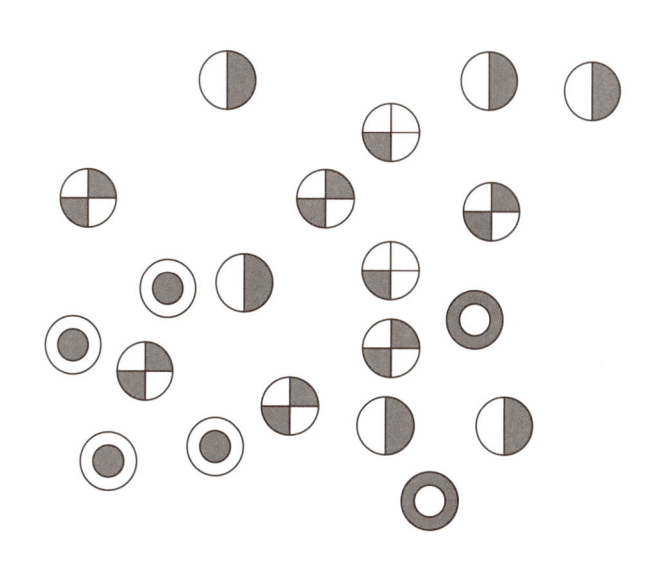

ヒント 1

矢印でしめしたマークと、直線でつなげられるおなじマークは3つあります。どれにつなぐのがよいでしょうか。

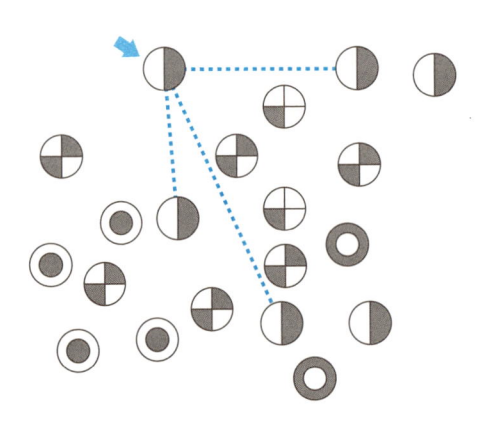

ヒント 2

おなじマークが2つしかない場合は、最初に直線でつないでおきましょう。

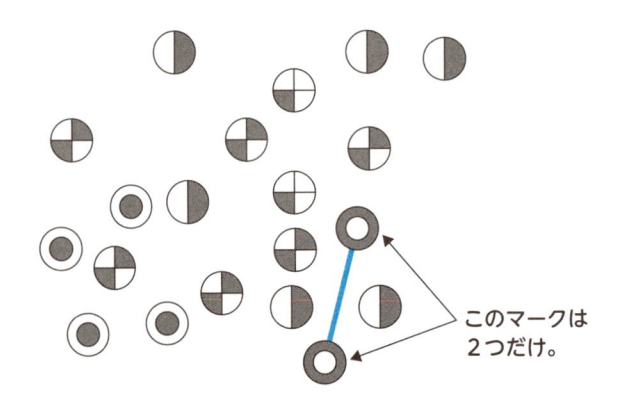

このマークは
2つだけ。

解答 ▶ 104ページ

おなじ数のタイル

スタートから出発して、色のこいタイルとうすいタイルをおなじ枚数ずつとおってゴールまですすんでください。ただし、白のタイルをふくめ、どのタイルも一度しかとおることができません。

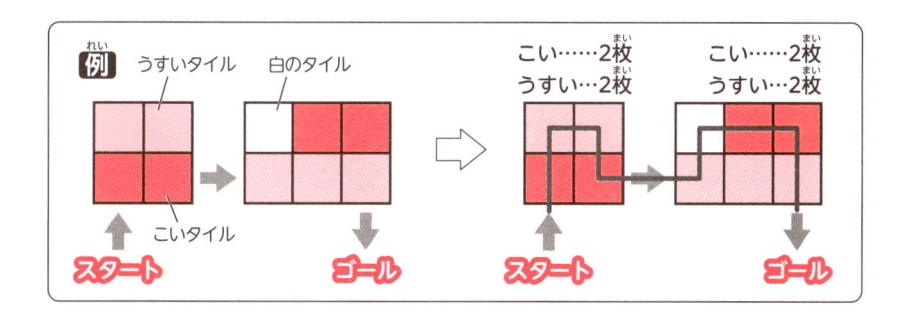

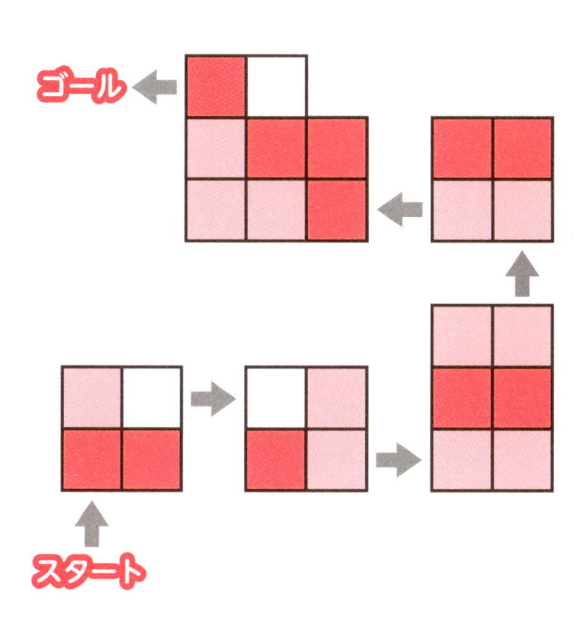

スタート直後の4枚を考えます。
色のこいタイルとうすいタイルをおなじ枚数ずつとおるには、どうすすめばよいでしょうか。

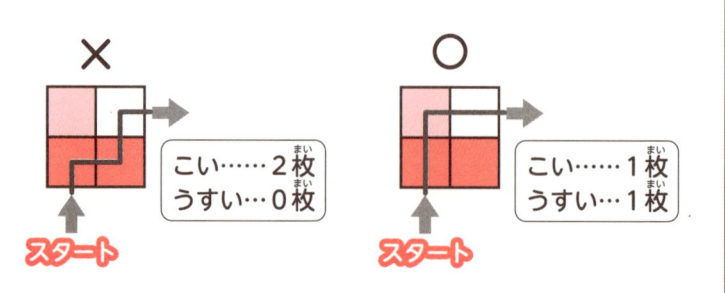

× こい……2枚 うすい…0枚

○ こい……1枚 うすい…1枚

スタート　　　　　　スタート

3番めの6枚を考えてみます。
色のこいタイルとうすいタイルをおなじ枚数ずつとおるには、どうすすめばよいでしょうか。

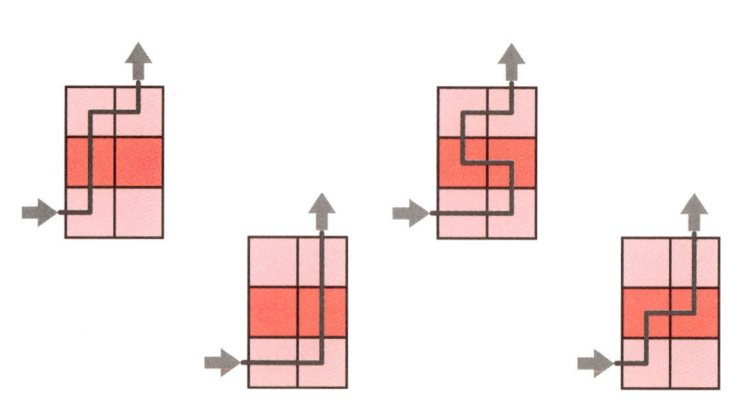

どうすすむのが正しいか、タイルの枚数をかぞえて確認しましょう。

解答 ▶ 105ページ

立体迷路

おなじ直方体をいくつか積みあげてつくった立体があります。

スタートからゴールまで、みえている四角形をすべて1回ずつとおって、数字の順番にすすんでください。

ただし、となりあっている四角形にはすすめますが、黒い四角形にはすすめません。

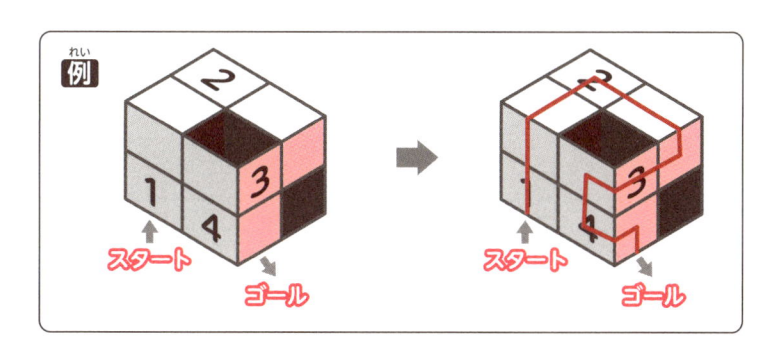

つぎのようにすすむと、黒い四角形にはばまれて先へすすめません。

つぎのようにすすむと、★の四角形をとおることができません。

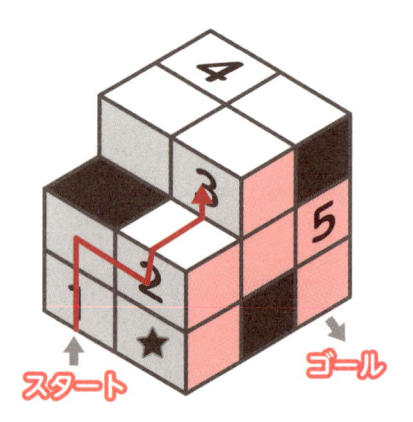

解答 ▶ 106ページ

3種類のマスをとおって

ルールにしたがって、スタートからゴールまで、マスをとおって
すすんでください。

ルール

もようのついている3種類のマスは、□→▨→▦ の順に、
すべてとおる。

タテとヨコにはすすめるが、ナナメにはすすめない。

おなじマスは1回しかとおれない。

太線は壁なので、とおりぬけられない。

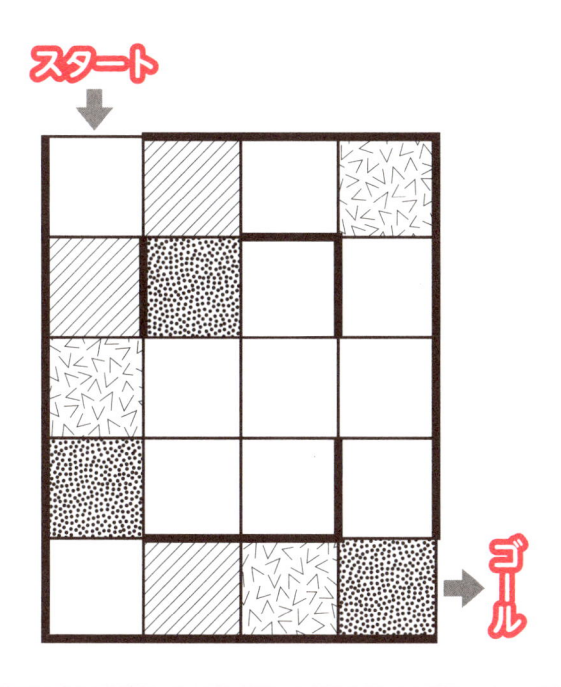

ヒント 1

スタート直後に ▨ が2つあります。その先のすすみ方をそれぞれ考えてみましょう。

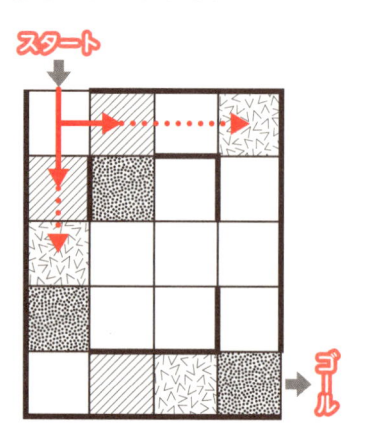

ヒント 2

ヒント1の2つのルートを確認（かくにん）しましょう。

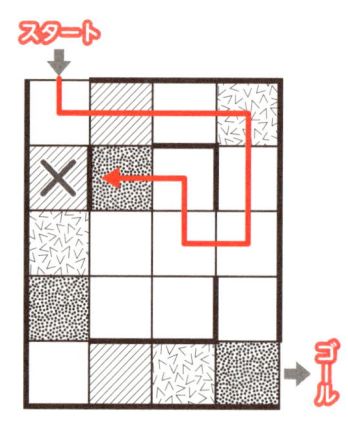

スタート直後に右へすすむと、×のマスにいけなくなってしまう。

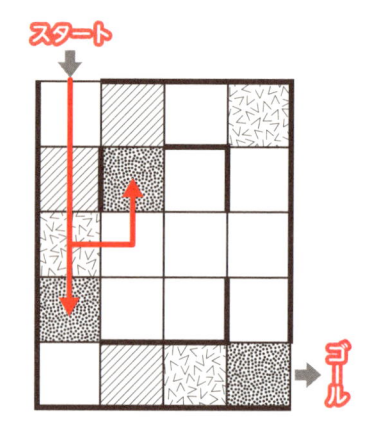

▨ のあとのすすみ方も2つある。壁（かべ）に注意（ちゅうい）して、どちらがよいか考える。

解答 ▶ 106ページ

第3章 比較から解決にみちびこう

比較から解決にみちびこう

　わたしたちは日々、なにかとなにかをくらべて、そこからいろいろなことを考えています。たとえば、目標ができれば、今の状態とくらべたうえで、そこをめざして努力しようとしますよね。この章では、そんなたいせつな力である「くらべること」からこたえをみちびく問題をだしています。

　なにかをくらべたとき、どこがちがうのか、どれくらいちがうのか、どちらのほうが大きいのか、どちらの道のほうが近道なのかなど、問題によってさまざまなちがいがみつけられるはずです。問題文やイラスト、図形から、なにとなにをくらべるべきなのかを理解して、じっくり考えていきましょう。

　ちがいからゴールにたどりつく力は、算数・数学以外の分野でも、いろいろ役に立つはずです。1問ずつ集中して挑戦してみてください。

積みあげたブロック

3種類の色のブロックを積みあげました。矢印の方向からみえるブロックを **A**～**E**から選んでください。

いちばん高く積みあげたところのブロックは6段です。

B は、ブロックが7段あるので、あきらかにまちがいです。

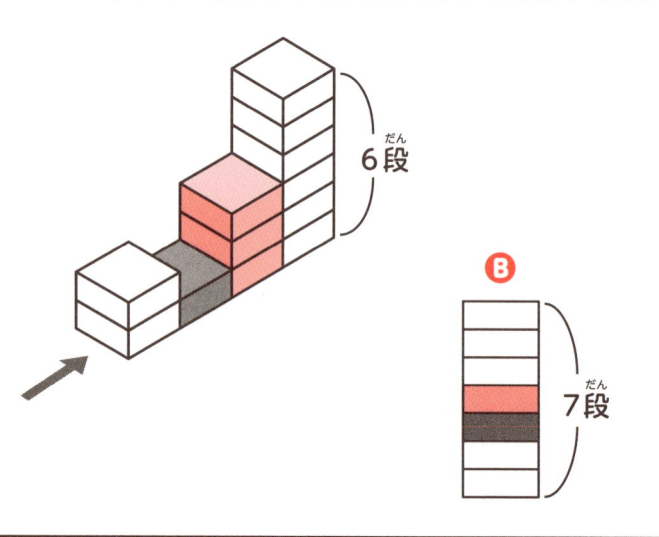

6段

B

7段

黒のブロックに注目します。矢印の方向からみると、手前の2段の白のブロックにかくれてみえません。したがって、**A** と **C** はまちがいです。

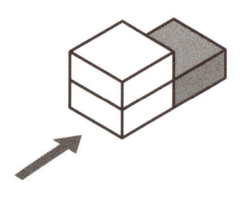

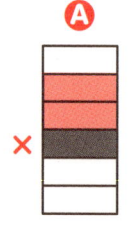

A

×

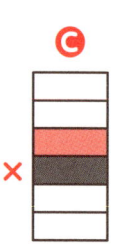

C

×

黒のブロックがみえる
ことはない。

解答 ▶ 107ページ

○と□にはいる数字

ルールにしたがって、○と□に数字をいれてください。
―＜は、数の大きさをくらべた記号（きごう）で、「小さな数 ―＜ 大きな数」をあらわします。

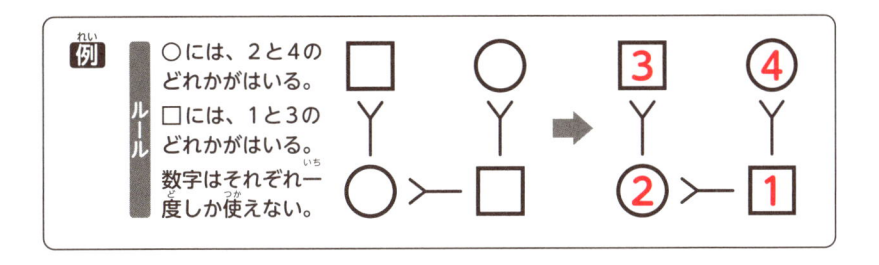

| 例（れい） | ○には、2と4のどれかがはいる。□には、1と3のどれかがはいる。数字はそれぞれ一度（いちど）しか使えない。 |

ルール

○には、2・4・6のどれかがはいる。
□には、1・3・5のどれかがはいる。
1〜6の数字は、それぞれ一度（いちど）しか使（つか）えない。

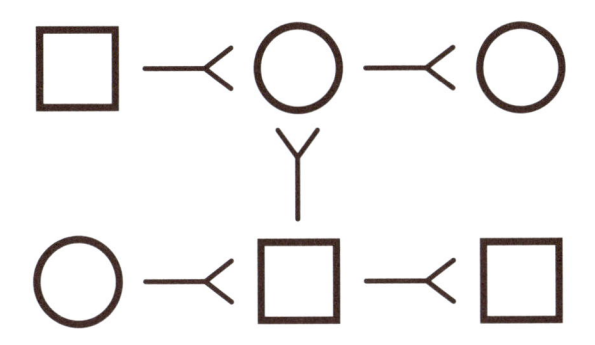

□と〇にはいる数字を、つねに頭のなかでイメージしてといていきましょう。

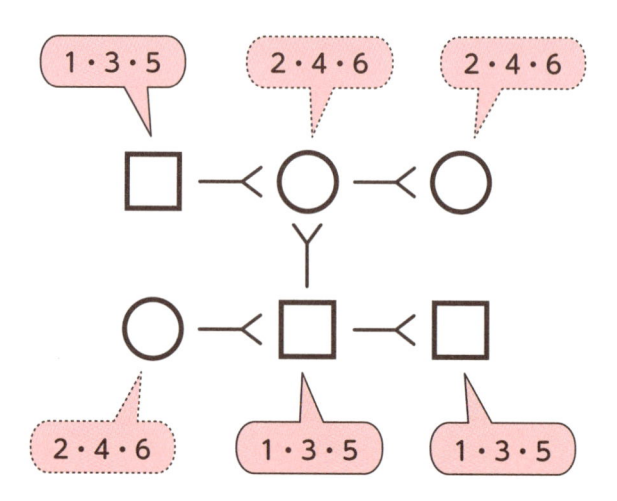

〇の位置をみてみましょう。矢印の方向にすすむにしたがって、数が大きくなっていることがわかります。したがって、〇にはいる数字は、つぎのようになります。

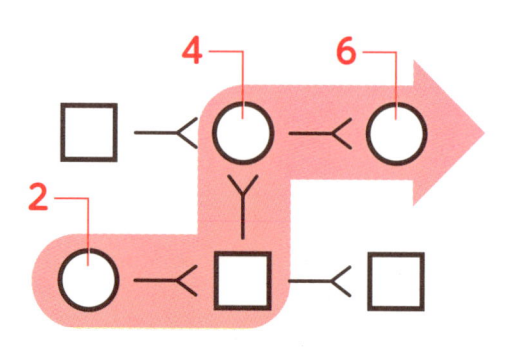

解答 ▶ 108ページ

ジグソーピース

ジグソーパズルがあります。Ⓐ～Ⓓのうち、3つのピースをはめこめば、パズルは完成します。

このときにあまるピースはどれでしょうか。ただし、ピースは回転させずに使います。

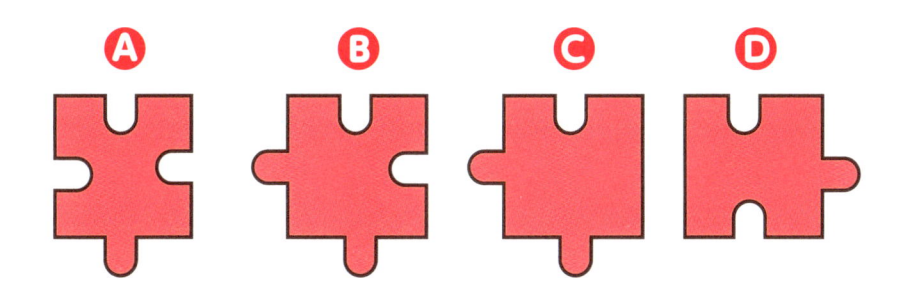

Ⓐ　　　Ⓑ　　　Ⓒ　　　Ⓓ

ヒント1

ピースの形に注目します。フレームの直線部分やくぼんでいるところ、突起になっているところに注意して、どのピースがはまるか考えましょう。

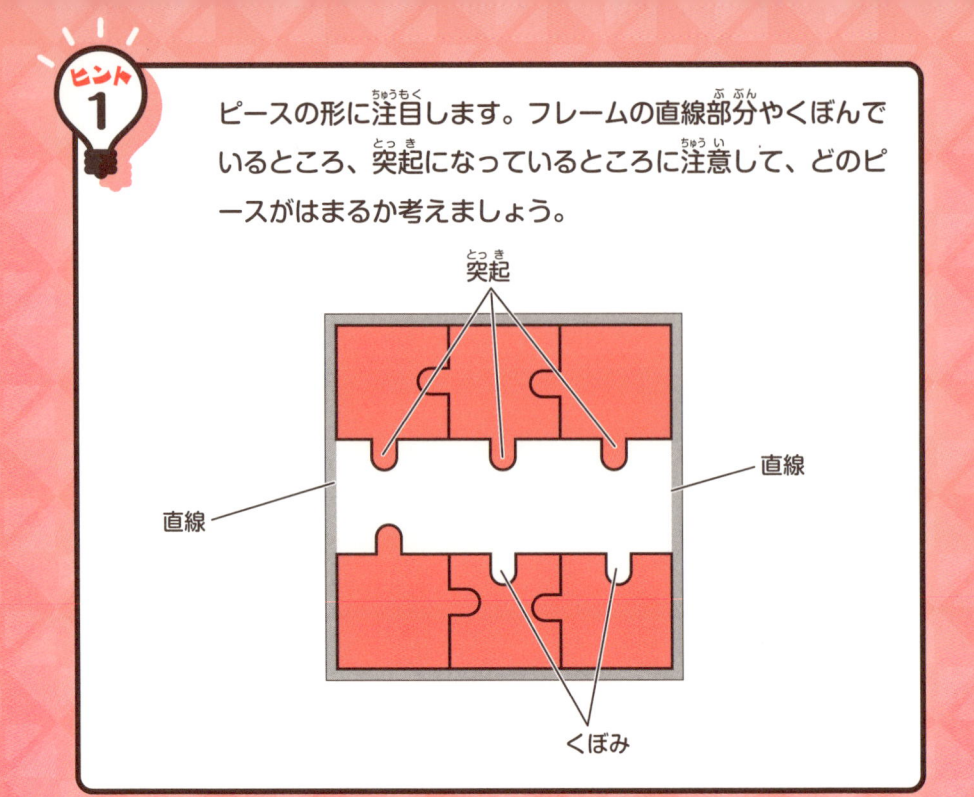

突起

直線

直線

くぼみ

ヒント2

細い点線でかこんだピースと、太い点線でかこんだピースの特徴をそれぞれみきわめましょう。

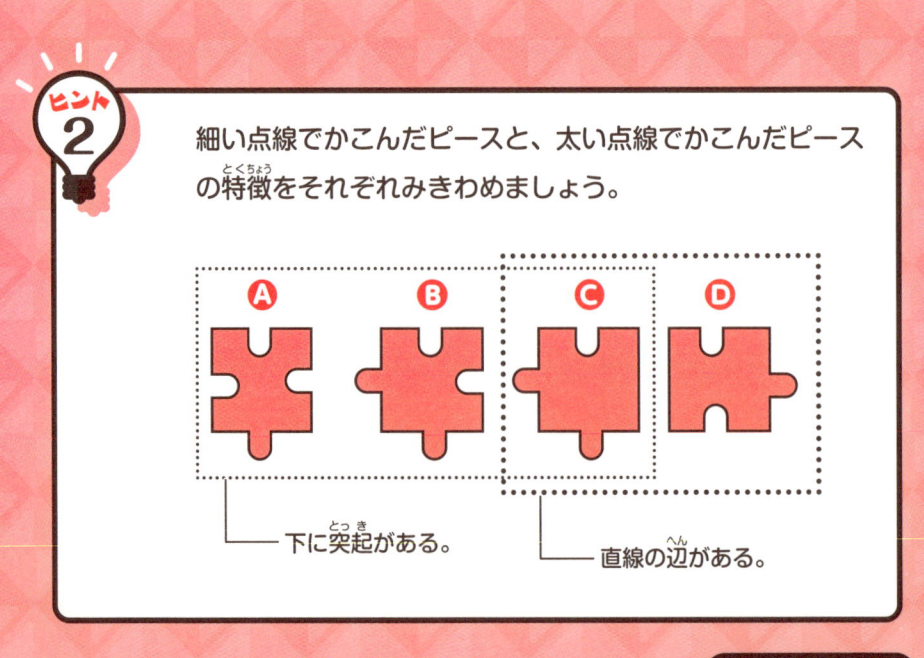

A B C D

下に突起がある。

直線の辺がある。

解答 ▶ 108ページ

スイーツの値段

ヒマリ、タツキ、カエデの3人は、ゼリー、クッキー、マフィン を買いました。

つぎの発言を読んで、それぞれ1個の値段をこたえてください。

ゼリーを
2個買って
480円でした

ヒマリ

クッキーとマフィンを
1個ずつ買って
520円でした

タツキ

ゼリーとマフィンを
1個ずつ買って
560円でした

カエデ

ヒント1 ヒマリの発言から、ゼリーは2個で480円だとわかります。1個ではいくらでしょうか。

ゼリーを2個買って480円でした

1個だといくらかな？

ヒマリ

ヒント2 ゼリーの値段がわかったら、カエデの発言について考えてみましょう。

ゼリーとマフィンを1個ずつ買って560円でした

それぞれいくらかな？

カエデ

解答 ▶ 109ページ

第3章
比較から解決に
みちびこう

20
★★

風船あがれ！

空に風船が４つうかんでいます。風船のなかにある３種類のマークは、それぞれ１、２、３のことなる数字をあらわしています。
数字の合計が大きい風船ほど高くうかんでいます。
それぞれのマークがあらわしている数字をこたえてください。

マーク	⬤	🔺	🌸
数字			

ヒント1

下の2つの風船をみると、両方に●がはいっています。ここから、❀と▲の数の大きさをくらべることができます。大きいのはどちらでしょうか。

ヒント2

下の2つの風船をくらべてみましょう。

▲2つの風船よりも●1つの風船のほうが高くうかんでいるので、▲よりも●のほうが大きい数だとわかります。

解答 ▶ 110ページ

つなげてタウンマップ

パーツを組みあわせて、タウンマップをつくります。2つの空白の部分にはまるパーツをそれぞれ **A** 〜 **E** から選んで、マップを完成させてください。

ただし、パーツは回転も裏返しもしていません。

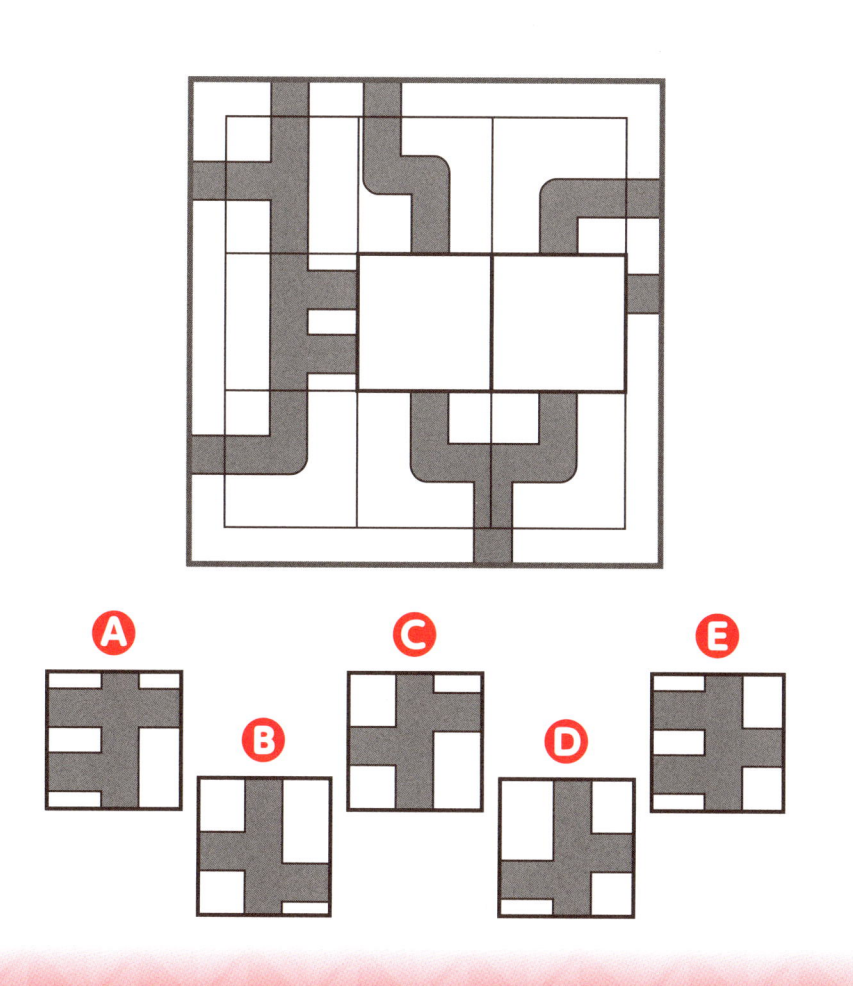

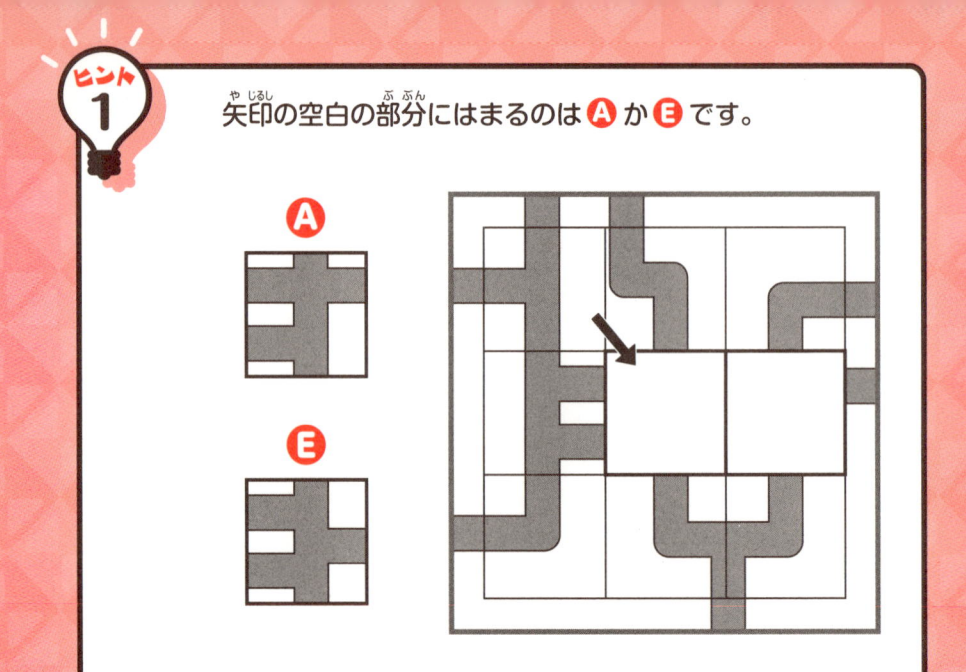

ヒント1

矢印の空白の部分にはまるのは Ⓐ か Ⓔ です。

Ⓐ

Ⓔ

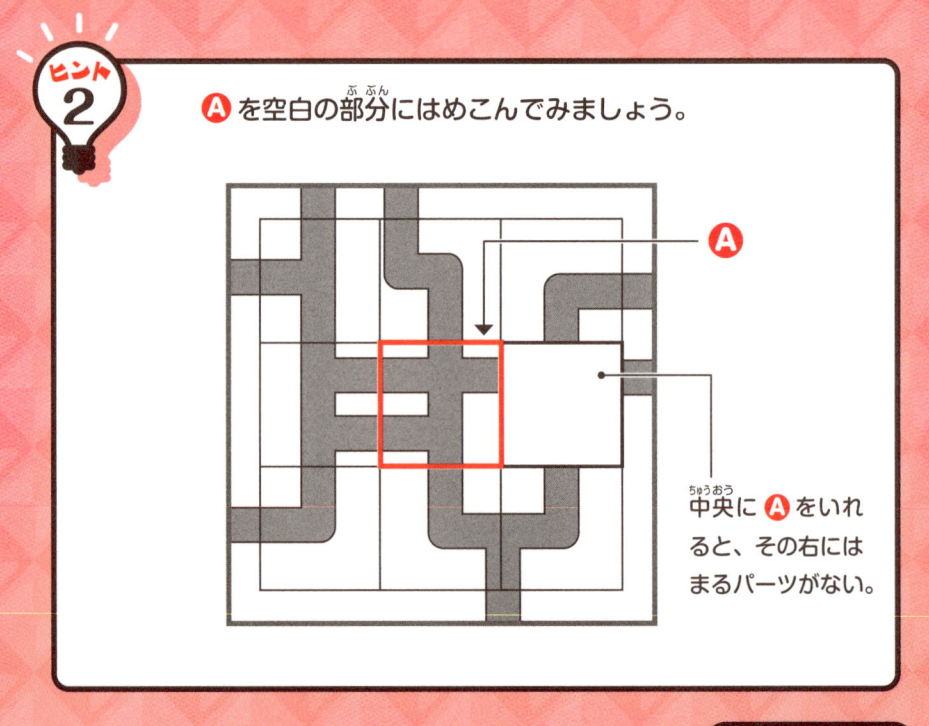

ヒント2

Ⓐ を空白の部分にはめこんでみましょう。

Ⓐ

中央に Ⓐ をいれると、その右にははまるパーツがない。

解答 ▶ 111ページ

合計をそろえよう！

数字がかかれたマークが「グループＡ」と「グループＢ」にわかれています。おなじマーク同士（どうし）であれば、グループをいれかえることができます。1回だけおなじマークをいれかえて、2つのグループの合計をおなじにしてください。

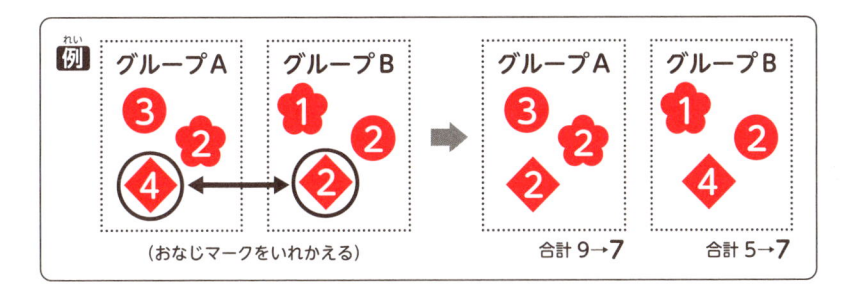

グループＡ

グループＢ

ヒント 1

「グループA」と「グループB」の合計を調べて、どうすれば合計がおなじになるか考えましょう。

グループA

合計 15

グループB

合計 9

ヒント 2

合計の差は6なので、「グループA」を3へらし、「グループB」を3ふやせば、合計はおなじになります。

グループA

合計 15　→ 3へらす

グループB

合計 9　→ 3ふやす

解答 ▶ 111ページ

動かしたピース

A～Dの4つのピースを組みあわせて **1** をつくりました。その後、ピースを1つだけ動かして **2** をつくりました。

動かしたピースが A～D のどれになるか選んでください。

ただし、ピースは回転させたり、裏返したりしていません。

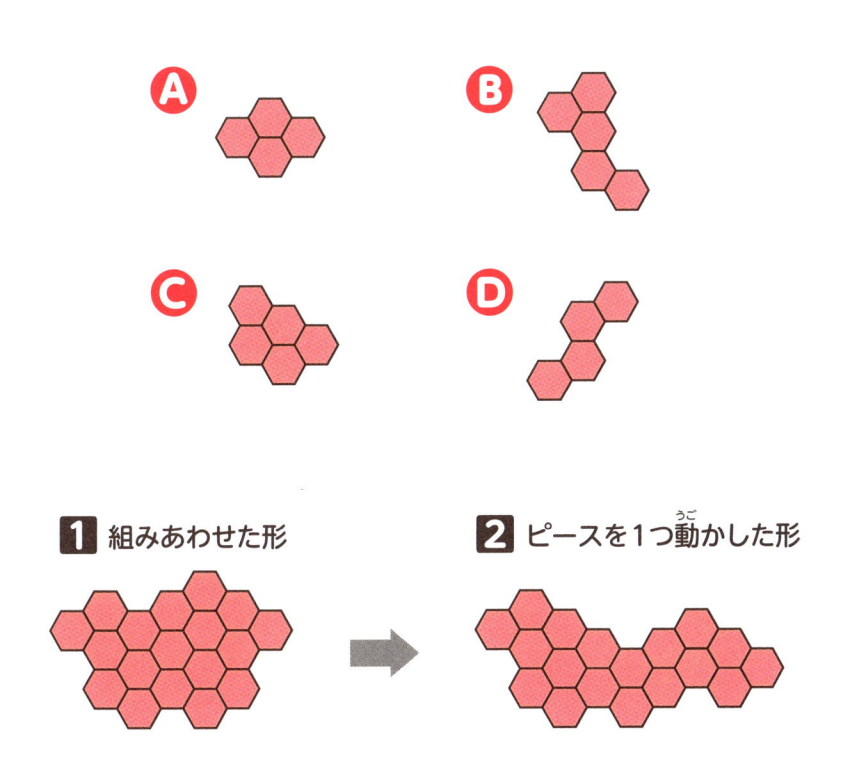

A

B

C

D

1 組みあわせた形

2 ピースを1つ動かした形

ヒント1

1がどのように組みあわされているのか想像してみましょう。点線でかこんだ部分にあてはまるピースは **A** か **B** です。

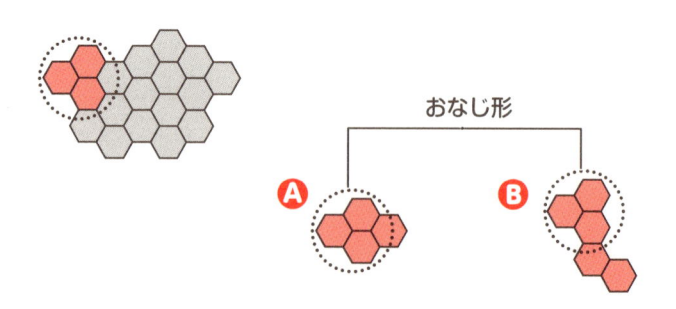

おなじ形

ヒント2

ヒント1で **A** を使うと、点線の部分にあてはまるピースがありません。

この部分をうめてあてはまるピースがない。

B を使った場合、そのすぐ右にあてはまるのは **A** か **C** になりそうです。

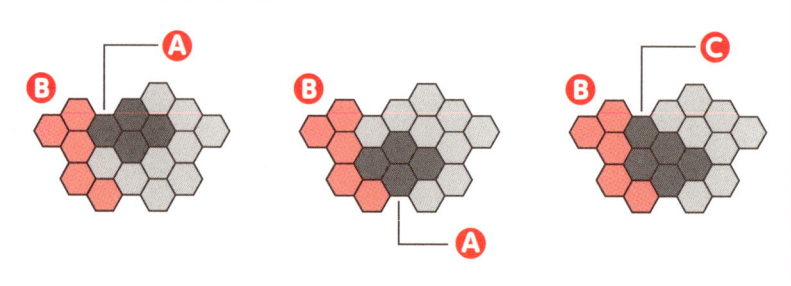

解答 ▶ 112ページ

図形の一部

あ～えは、ある図形の一部です。もとの図形をⒶ～Ⓒから選んでください。

ただし、もとの図形もその一部も回転させてはいません。

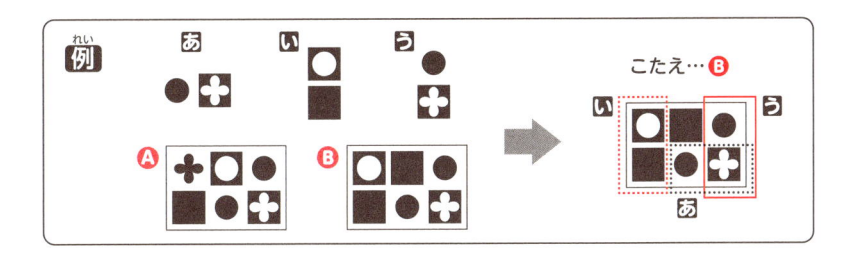

【図形の一部】

【もとの図形】

まず、もとの図形に あ があるかチェックしてみましょう。

Ⓐ　　　　　Ⓑ　　　　　Ⓒ

Ⓐ、Ⓑ、Ⓒのいずれにも あ がふくまれているので、どれがもとの図形かわからない。

つぎに、い をみてみましょう。

すると、ヒント1の あ とかさなる部分があることに気づきます。あ〜え は、一部がかさなっている場合があるようです。このことに注意して考えてみましょう。

Ⓐ　　　　　Ⓑ　　　　　Ⓒ

（ない）

Ⓐは、い がふくまれていないので、もとの図形ではない。

解答 ▶ 113ページ

第4章
すみずみまで観察しよう

すみずみまで観察しよう

　この章では、おもにイラストや図形をもちいた問題をだしています。みえているものから、なにが重要かをみきわめる観察力をいかして、チャレンジしましょう。

　なかには、みえている部分だけではとけない問題もあります。そんな問題では、みえない部分やかくされた部分を想像し、頭のなかにしっかりとイメージして、そこからこたえをさぐっていきましょう。

　じっくりと観察をしていたつもりでも、わかったつもりになっていただけだったということがあるものです。目にした形を正確にとらえるために、気づいたことはメモする習慣をつけましょう。そうすることで、観察力をきたえていくことができるはずです。

おなじピースをさがして

A〜Dのうちの3つは、大きなシートの一部を切りとったものです。シートの一部として、あてはまらないものはどれでしょうか。

〈シート〉

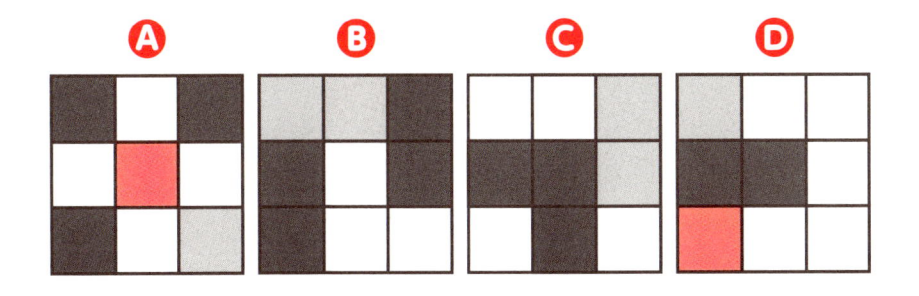

シートは、つぎの4種類のパネルを組みあわせてつくられています。

赤のパネルがある **A** と **D** に注目して、シートをよく観察しましょう。

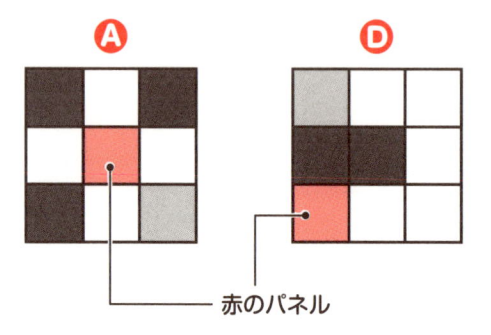

赤のパネル

B は黒のパネルが上下2枚つながったところが2か所あります。**C** は黒のパネルが3枚つながっています。それぞれの特徴をおぼえて、シートをよく観察しましょう。

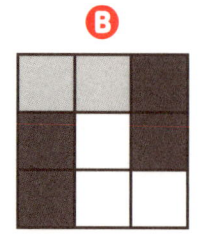

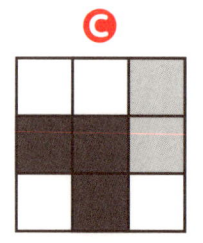

解答 ▶ 114ページ

立方体の展開図

立方体の展開図があります。組み立てたとき、1か所だけ面がかさなります。**あ**と**い**の面がかさなるものを **A**〜**D** から1つ選んでください。

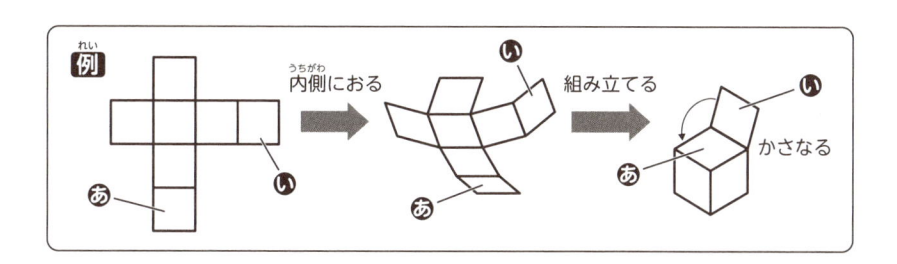

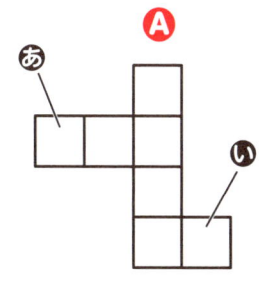

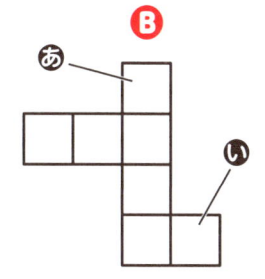

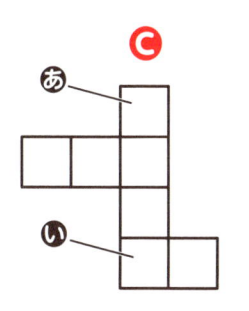

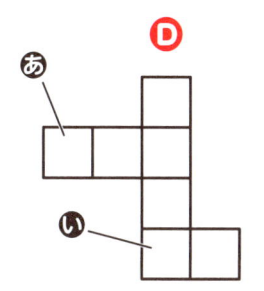

ヒント 1

立方体は正六面体です。通常の展開図では、正方形が6つあります。この問題の展開図は7つの面があるので、組み立てたとき、1か所、面がかさなります。

前のページの〈例〉は、つぎの図のようにかさなります。

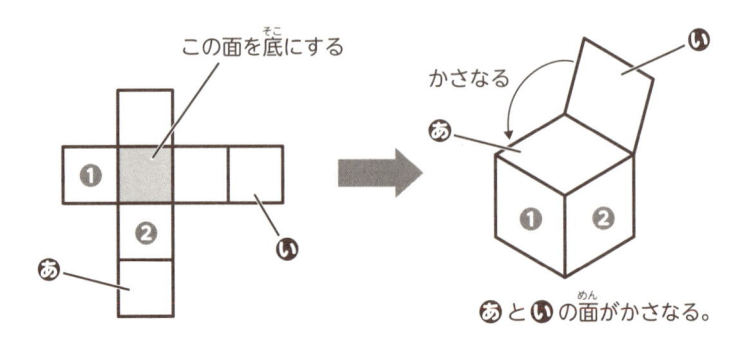

この面を底にする

かさなる

あと◐の面がかさなる。

ヒント 2

Ａを考えてみましょう。★を底の面にして組み立てると、つぎのようになります。

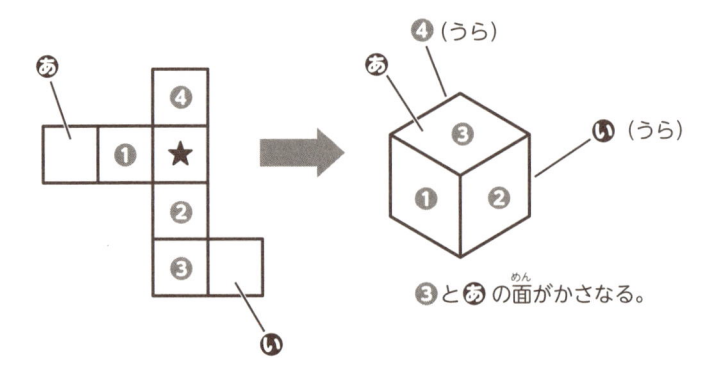

❸とあの面がかさなる。

したがって、Ａでは、あと◐の面はかさなりません。

解答 ▶ 114ページ

ロボット監視迷路

ロボットが監視している迷路があります。スタートからマスをタテ・ヨコにすすみ、ロボットに気づかれないようにゴールまですすんでください。マスはすべて一度しかとおれず、太線は壁なので通過できません。
ロボットは、現在の位置から矢印の方向にむかって壁まで監視していて、監視されているマスはとおれません。また、ロボットのいるマスに接する上下左右のマスも音で察知されるので、壁ごしであってもとおれません。

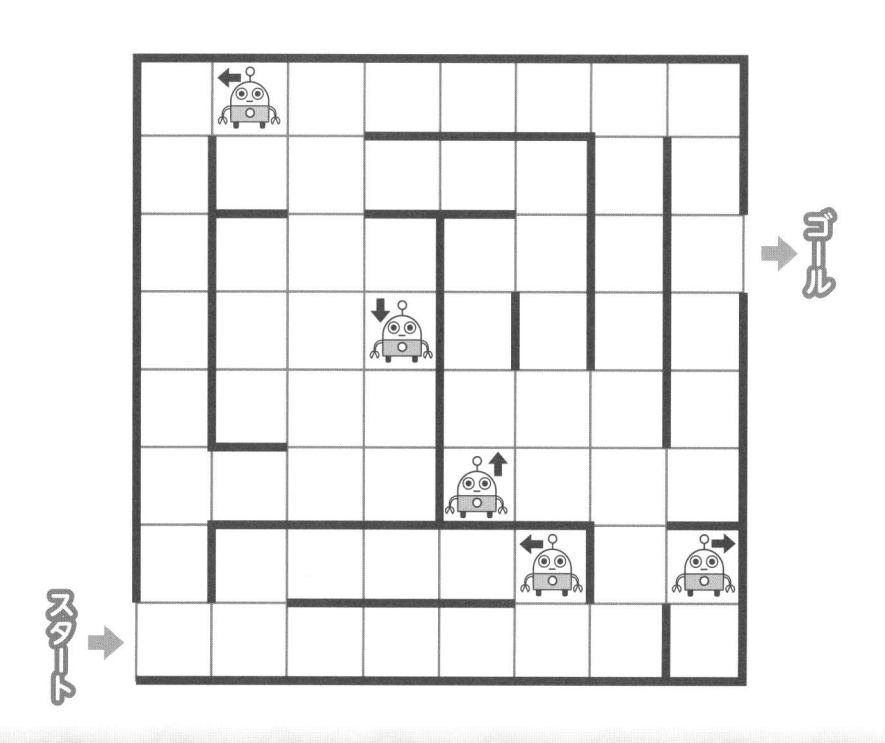

ロボットは、矢印の方向にむかって壁まで監視しています。色をぬったマスにはすすめません。

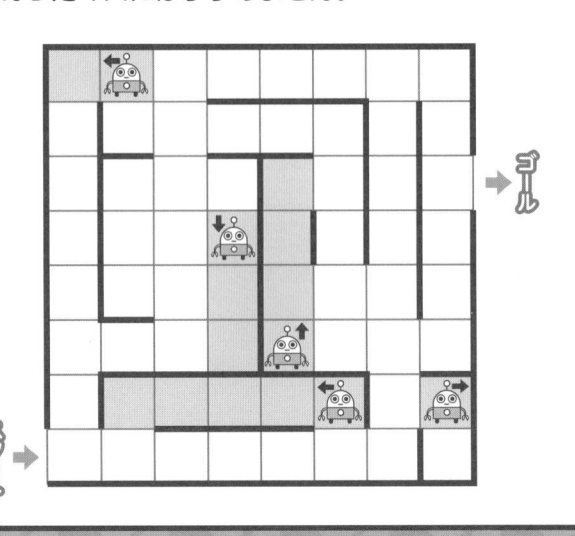

ロボットは、自分がいるマスに接する上下左右のマスも監視しています。色をぬったマスにはすすめません。

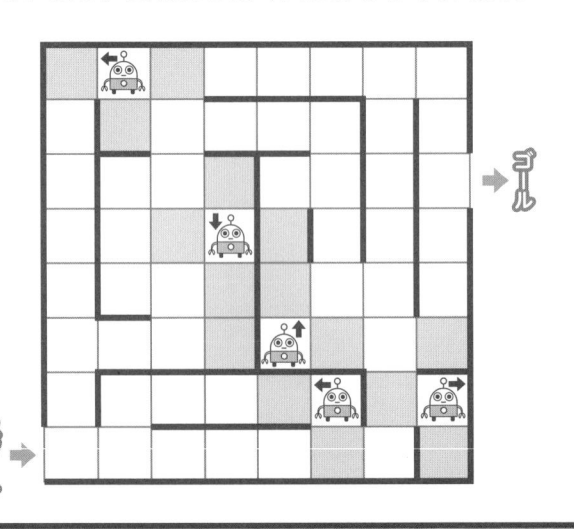

解答 ▶ 115ページ

立体イメージパズル

ある立体を、左・上・右からみた図があります。Ⓐ〜Ⓓから、
もとの立体を選んでください。

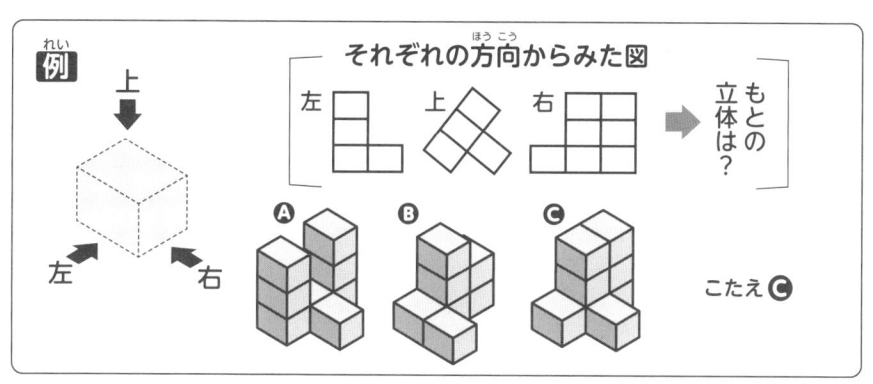

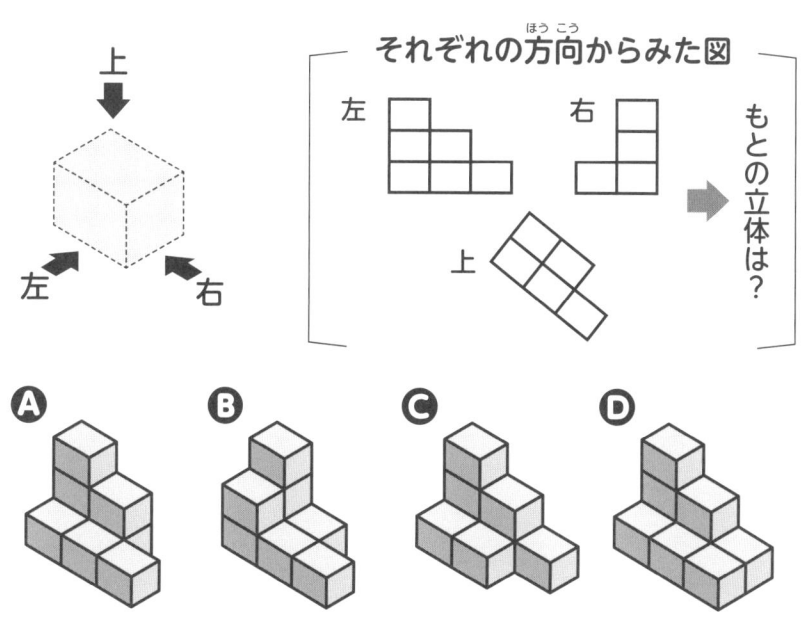

ヒント 1

左からみた図に注目しましょう。

B を左からみると、つぎのようになります。

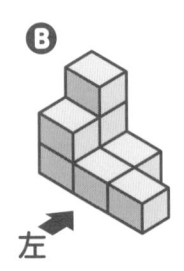

B

左

Bを左からみた図

もとの立体を
左からみた図

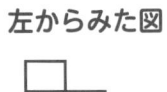

Bを左からみた図は、もとの立
体を左からみた図とはちがうので、
こたえは**B**ではない。

ヒント 2

上からみた図に注目しましょう。

D を上からみると、つぎのようになります。

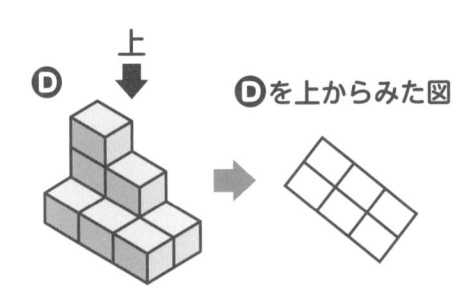

上

D

Dを上からみた図

もとの立体を
上からみた図

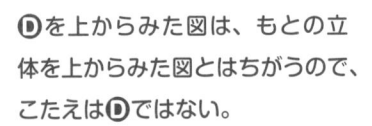

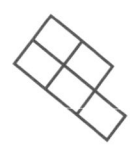

Dを上からみた図は、もとの立
体を上からみた図とはちがうので、
こたえは**D**ではない。

解答 ▶ 116ページ

4ピースひらがなパズル

4文字のひらがなを、それぞれ4つのピースに切りわけました。
もとの文字にならべかえて、Ⓐ→Ⓑ→Ⓒ→Ⓓの順に読むと、
どんな言葉になるかこたえてください。
ただし、ピースは回転させたり、裏返したりしてはいません。

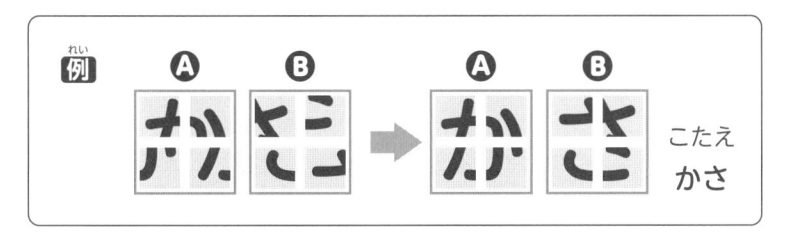

例

こたえ
かさ

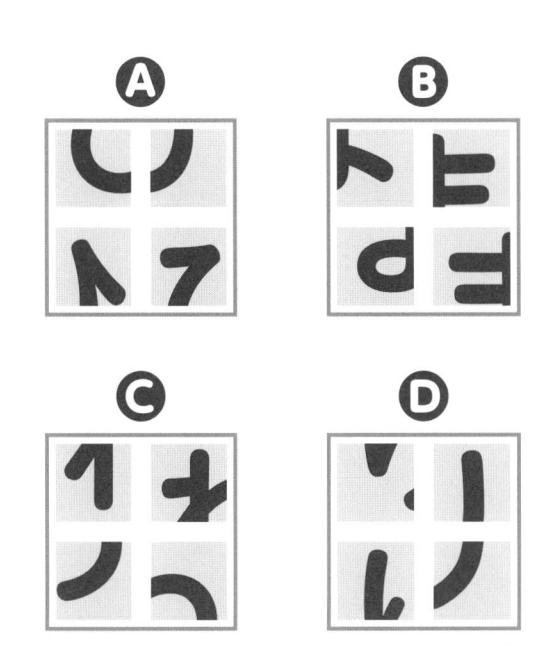

ヒント1

たとえば、下のもとの図形を4つのピースに切ってならべかえると、いろいろな形に変化させることができます。

もとの図形

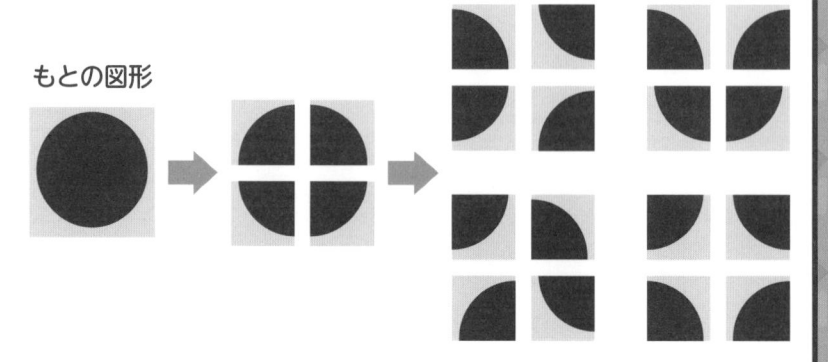

ピースをどう配置するかによって、みえ方がちがう。

ヒント2

点線でかこんだところは、ひらがなの一部がつながっているようにみえます。

ほかのピースはどうでしょうか。

ヨコにつながっている。

Ⓐ

Ⓓ

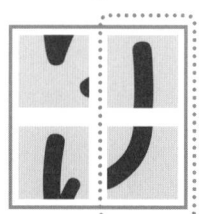

タテにつながっている。

解答 ▶ 117ページ

回転まちがいさがし

もとの図形とおなじ図形を **Ⓐ**〜**Ⓓ**から1つ選んでください。
ただし、図形は回転させています。

もとの図形

もとの図形を回転させてみました。

もとの図形

左回り　右回り

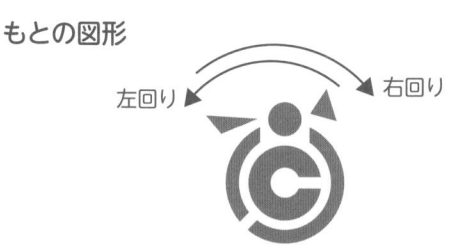

右回りに45°

右回りに90°

左回りに45°

左回りに90°

Ⓐを、もとの図形とおなじ角度にそろえました。点線でかこんだ部分の形がちがいます。

もとの図形

頭のなかで図形を回転させながら、どうみえるか考えてみましょう。

解答 ▶ 117ページ

タイルを動かして

もとの図形からタイルを1枚だけ動かして、べつの図形をつくります。Ⓐ～Ⓗから、タイルを2枚以上動かさないとつくれない図形を2つ選んでください。

ただし、図形を回転させたり、裏返したりしてはいけません。

もとの図形

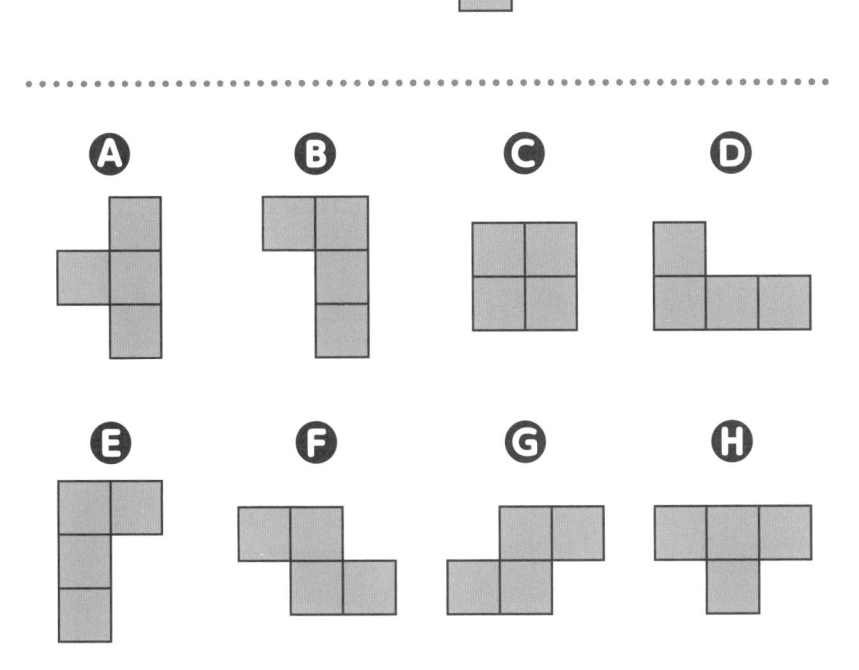

ヒント 1

1つずつ考えていきましょう。

A は、もとの図形のいちばん上のタイルを右へ動かせばつくることができます。

もとの図形

A

いちばん上のタイルを
右に動かしてつくる。

ヒント 2

つぎに **B** を考えます。

B は、つぎの2つの方法でつくることができます。

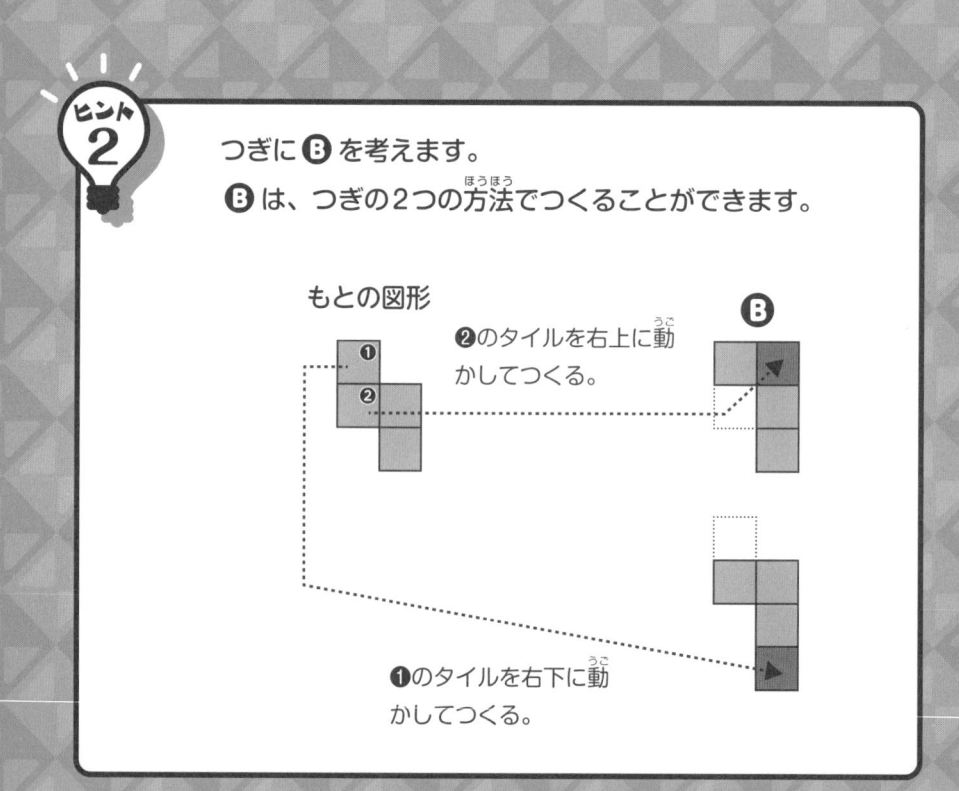

もとの図形

B

❷のタイルを右上に動かしてつくる。

❶のタイルを右下に動かしてつくる。

解答 ▶ 118ページ

かくされた正方形

つぎの図形のなかに正方形はいくつあるでしょうか。

大きい正方形や小さい正方形もふくめて、すべての正方形の数を

こたえてください。

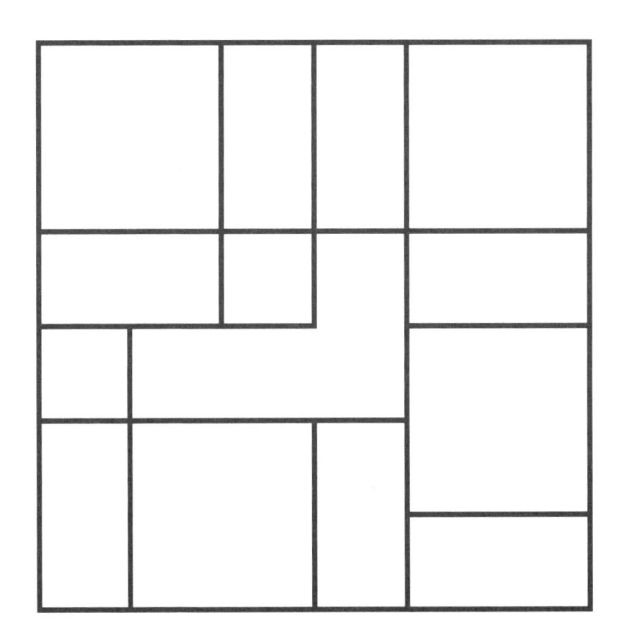

もっとも小さい正方形は2個あります。

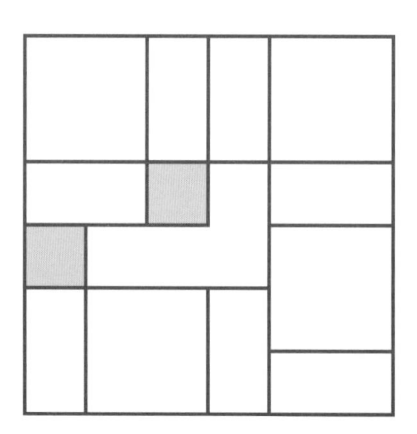

もっとも大きい正方形は、いちばん外側の線でかこまれた
正方形です。大きさのちがう正方形をそれぞれかぞえます。

小さい正方形

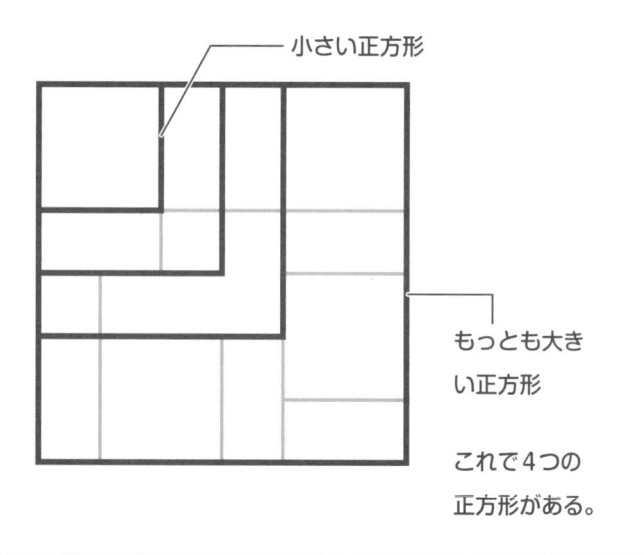

もっとも大き
い正方形

これで4つの
正方形がある。

解答 ▶ 119ページ

宝箱をもって脱出

入口からはいって宝箱を手にいれ、出口から脱出してください。ただし、部屋への出入りはドアからしかできません。また、どの部屋も1回しかはいれません。

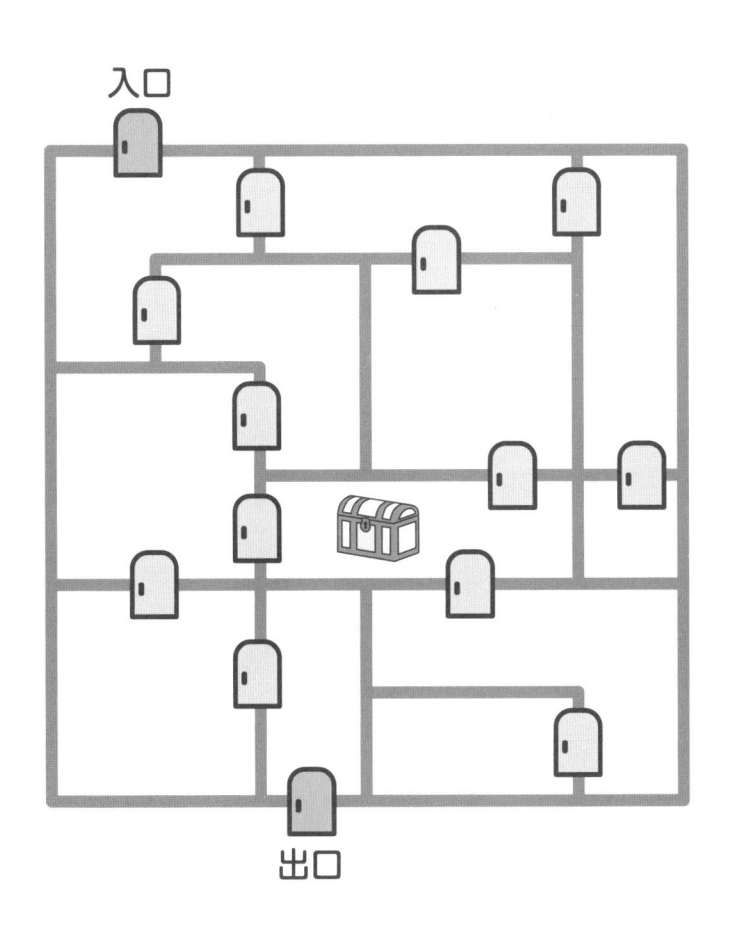

入口からはいって少しすすむと、3つのルートにわかれます。どのルートをすすむのがよいでしょうか。

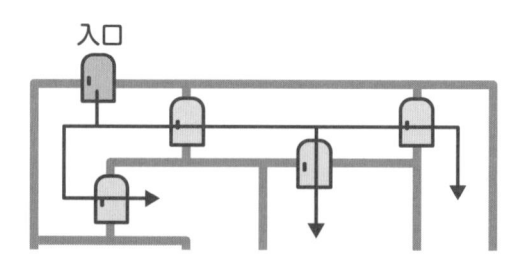

宝箱のある部屋にはいる方法は2とおりあります。
どちらからはいるのがよいでしょうか。

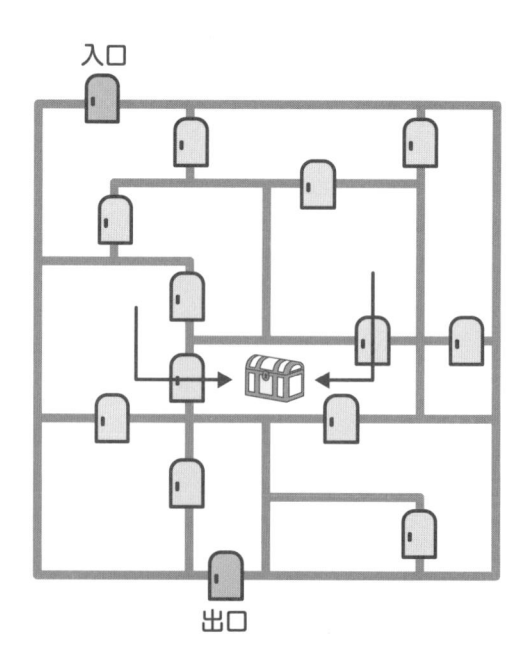

解答 ▶ 120ページ

第5章

思考をすすめる力をつけよう

思考をすすめる力をつけよう

　問題をといているとき、どう考えればよいのか
わからなくなったり、行きづまってしまったりす
ることもあるでしょう。この章では、そんな状態
を切りぬけるために、思考を前にすすめ、こたえ
にむかって一歩一歩近づいていく力を身につける
ための問題をだしています。

　この章の問題は、時間をかけてじっくりとりく
まないと、なかなかゴールにたどりつけません。
あきらめたり、投げだしたりすることなく、集中
して、しっかり問題とむきあいましょう。

　ただ考えるだけではとけない問題も多いので、
自分がわかりやすいように、わかっていることを
紙にかきだしたりしながら、思考をどんどんすす
めていってください。

上からとって！

数字がかかれたコマが積みあげられています。数字の合計が4に
なるように、上からコマをとり、とったらつぎの人に交代しま
す。これをくりかえして、すべてのコマをとります。コマは、1回
に何個とってもよく、おなじ山からとってもよいものとします。
下のようにコマが積みあげられていたとき、どのような順にコマ
をとればよいでしょうか。

ヒント
1

最初にコマをとる方法は3とおりあります。

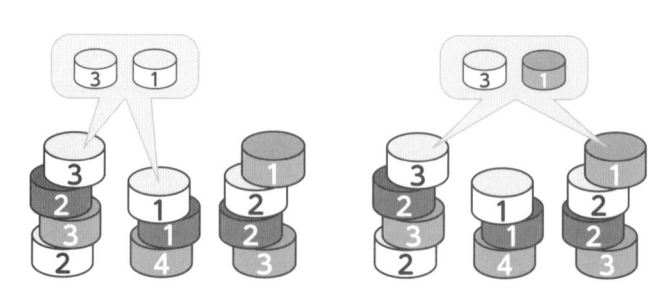

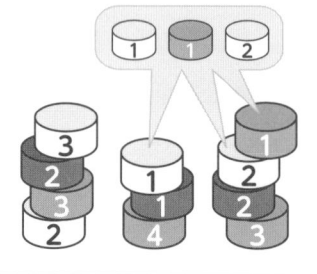

ヒント
2

積みあげたコマ全体をみると、3が3個、1が3個あるので、「3+1」の組みあわせを3回つくることになります。つまり、「2+1+1」の組みあわせが1回でもあると、すべてのコマをとることができなくなってしまいます。

コマの数	1…3個	2…4個
	3…3個	4…1個

解答 ▶ 121ページ

第5章
思考をすすめる
力をつけよう
35
★★

びっくりトンネル

あるきまりにしたがって図形を変化させるトンネルがあります。
1回めと2回めの変化をみて、3回めの図形がどう変化するかを
予想し、Ⓐ～Ⓒから選んでください。

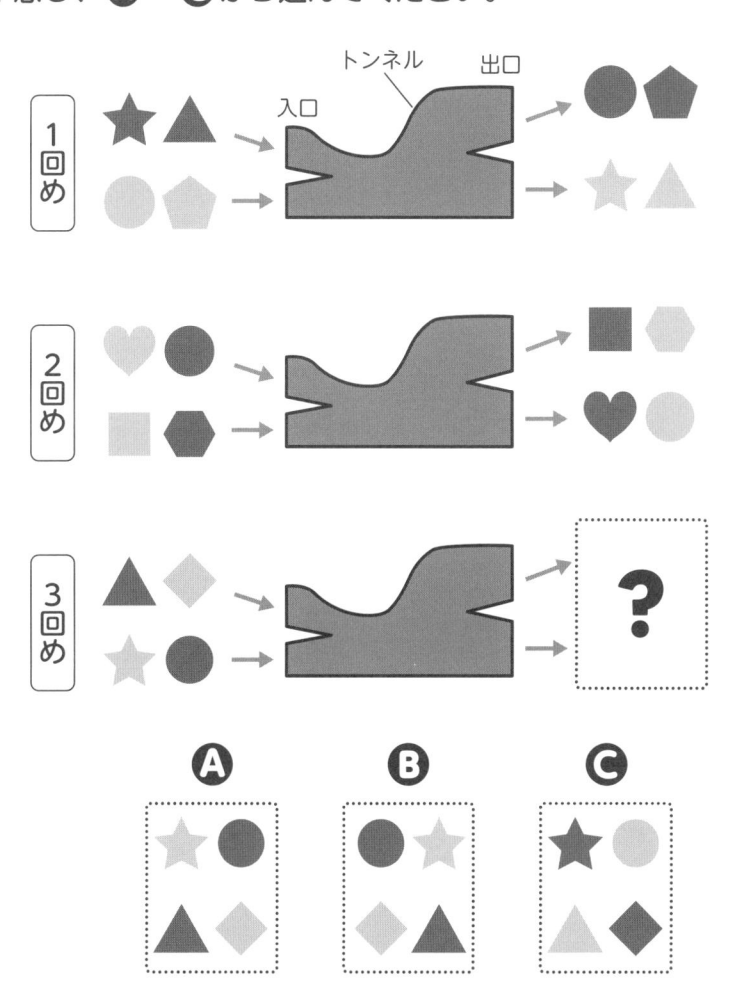

ヒント 1

まずは、1回めの変化をみてみましょう。

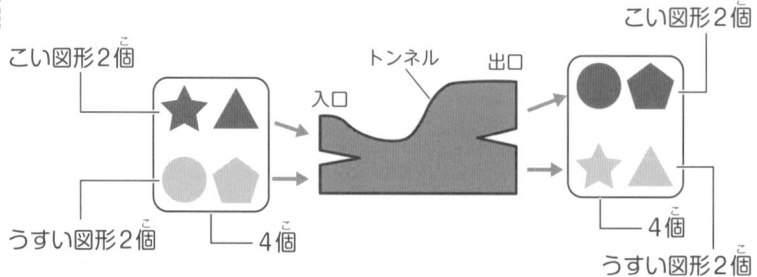

こい図形2個 / トンネル / 出口 / 入口 / こい図形2個 / うすい図形2個 / 4個 / 4個 / うすい図形2個

トンネルの前とあとで、図形の数はおなじです。色のこい図形とうすい図形の数もおなじです。ちがいをみつけて、変化のきまりを考えてみましょう。

ヒント 2

つぎに、2回めの変化をみてみましょう。
1回めでは、色のこい図形、うすい図形がヨコにならんでいましたが、2回めはタテにならんでいます。

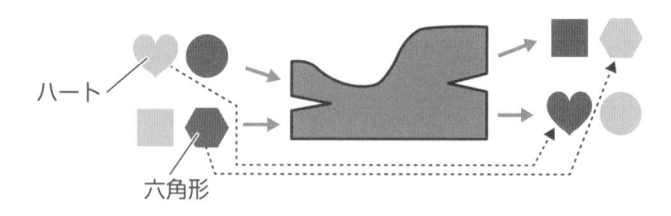

ハート / 六角形

上の入口からはいったうすい色のハートは、下の出口からでて、こい色に変化しています。また、下の入口からはいったこい色の六角形は、上の出口からでて、うすい色に変化しています。
ほかの図形はどうでしょうか。

解答 ▶ 122ページ

宝石をさがせ！

マスのなかに宝石がかくされています。マスの外の数字は、矢印の方向のマスにかくされている宝石の数をあらわしています。宝石がどのマスにあるかこたえてください。

ただし、1つのマスにかくされている宝石は1個です。

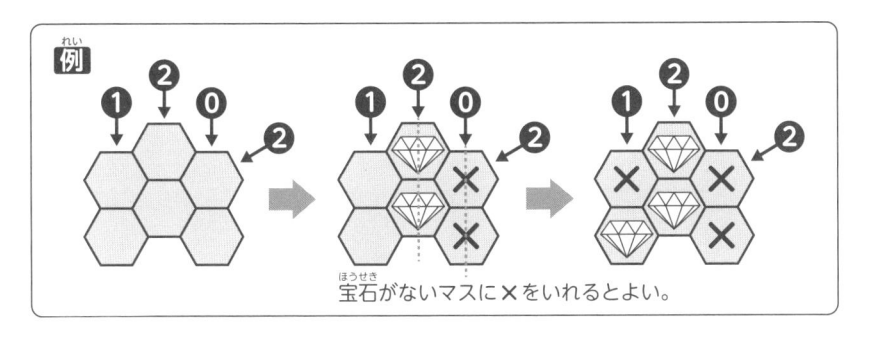

宝石がないマスに×をいれるとよい。

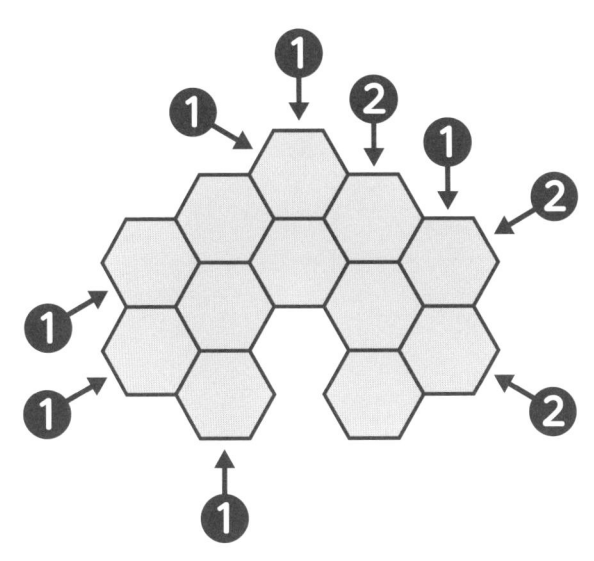

ヒント1

○でかこんだ**2**に注目しましょう。

これは、矢印の方向にあるマスに、宝石が2個あることを
しめしています。矢印の方向にはマスが2つしかないので、
どちらのマスにも宝石がかくされています。

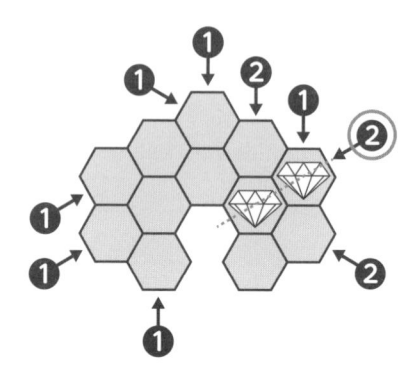

ヒント2

○でかこんだ2か所の**1**について考えてみましょう。
宝石がないとわかったマスには×をいれます。

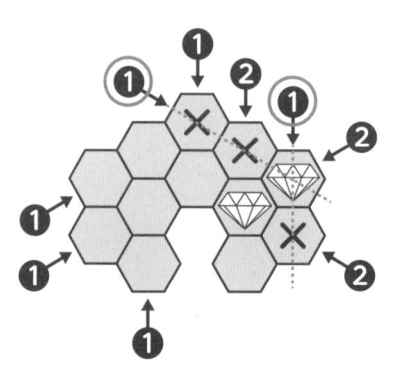

解答 ▶ 123ページ

数字にかくされた枠

マスの数字は、そのマスと接しているマスのうち、線をひける
マスがいくつあるかをしめしています。●を線でつないで枠をつ
くってください。

ただし、線はタテとヨコにひけますが、ナナメにはひけません。

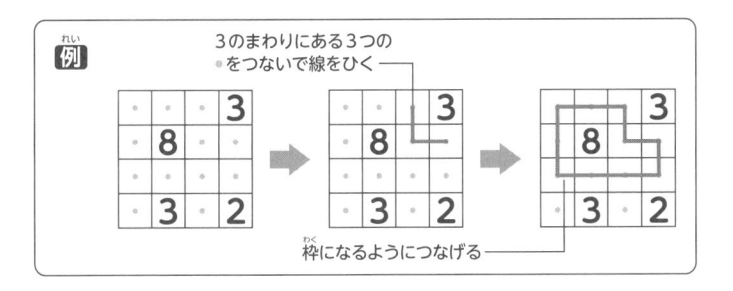

「0」の周囲のマスには線がひけないので、あらかじめ×をかいておきましょう。

3	·	·	·	3	1
·	·	·	·	·	·
·	·	·	·	·	2
·	7	·	5	×	×
·	·	·	×	⓪	×

ヒント1から、「5」の周囲に線をひけるすべてのマスがわかりました。この5マスに線をひきましょう。

3	·	·	·	3	1
·	·	·	·	·	·
·	·	·	·	·	2
·	7	·	⑤	×	×
·	·	·	×	0	×

解答 ▶ 124ページ

移動するロボット

マスを移動するロボットがあります。ロボットは、☆のマスからスタートし、4回移動して現在のマスに停止しています。途中で○のマスを通過しています。

ロボットの移動を説明している❶〜❺のうち、1つは実行していません。ロボットが移動したコースをしめし、実行していない移動がどれか、❶〜❺から選んでください。ただし、ロボットは東西南北に移動できますが、黒のマスは通過できません。

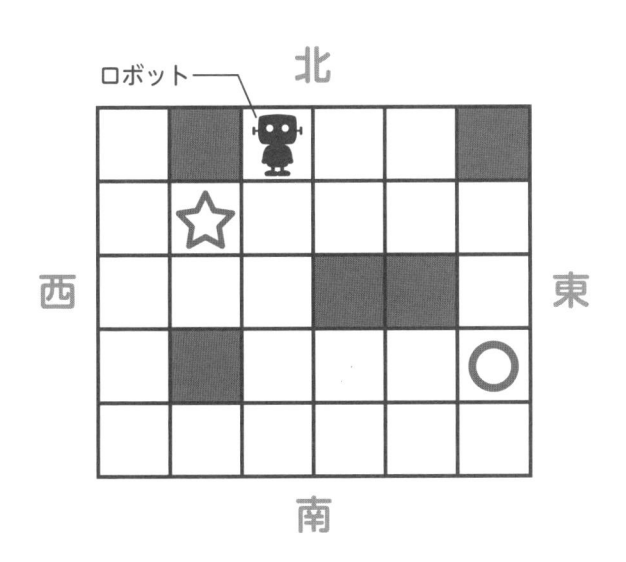

- ❶ 西に3マス移動した。
- ❷ 東に4マス移動した。
- ❸ 北に3マス移動した。
- ❹ 西に4マス移動した。
- ❺ 南に2マス移動した。

まず、最初にロボットが移動できる方向を考えてみます。
北には移動できませんが、東・南・西には移動できます。
❶～❺の説明のうち、可能なのはどれでしょうか。

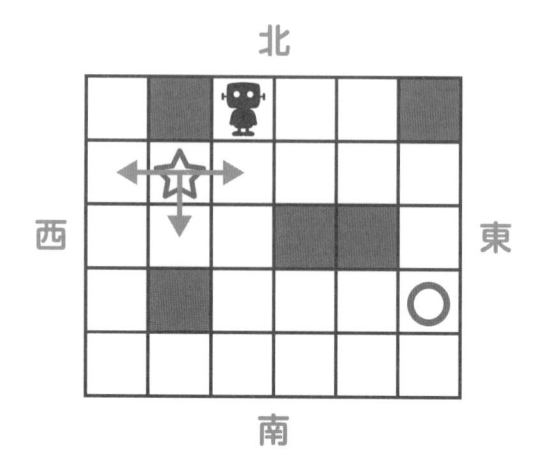

ヒント1より、1回めの移動は、❷（東に4マス移動した）
が実行されたことがわかります。つぎに移動できる方向は
西と南です。どちらにすすんだのでしょうか。

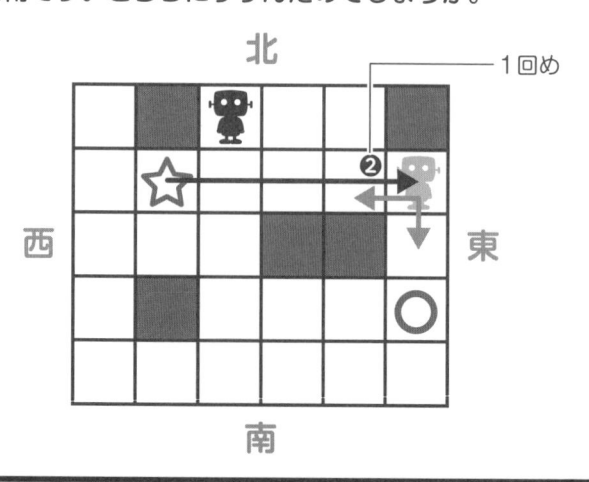

解答 ▶ 125ページ

第5章
思考をすすめる
力をつけよう

39
★★★

クロスボックス

ルールにしたがって、あいているマスに1、2、3のどれかの数
字をいれてください。

ルール

タテの列^{れつ}には1 ～ 3が1つずつはいる。

ヨコの列^{れつ}には1 ～ 3が1つずつはいる。

◆の数字は、その周囲^{しゅうい}のマスにはいっている数
の合計をしめす。

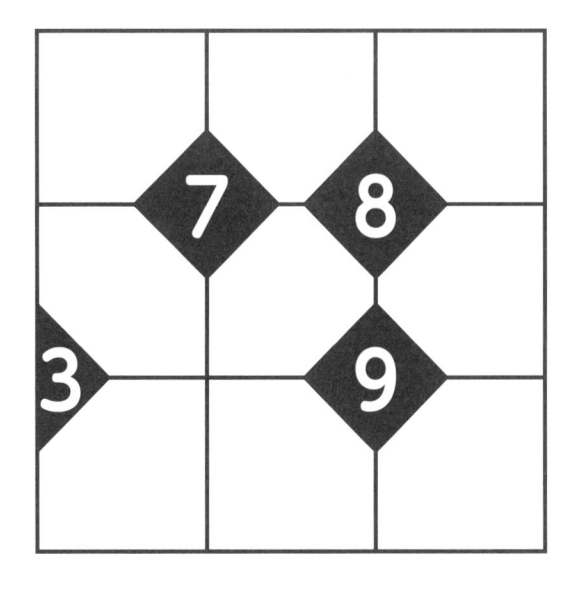

ヒント1

ルールから読みとれる数字を考えましょう。

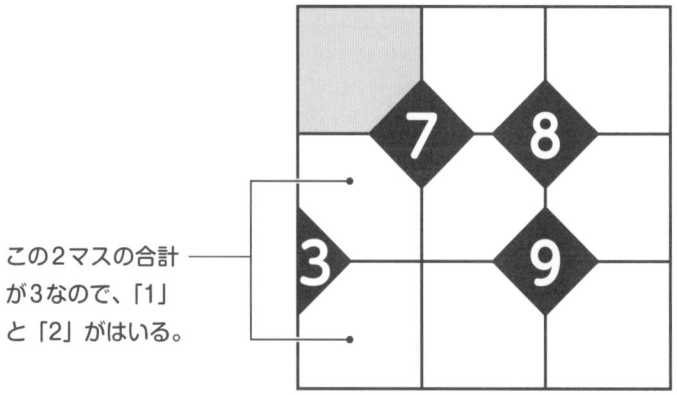

この2マスの合計
が3なので、「1」
と「2」がはいる。

「1」と「2」を使_{つか}うので、灰色_{はいいろ}のマスにはいる数字がわか
ります。

ヒント2

マスが1か所_{しょ}うまると、新しい手がかりがふえます。少し
ずつマスをうめていきましょう。

「7－3＝4」から、灰色_{はいいろ}の
3マスの合計は4になる。
　1+1+2＝4

「1」か「2」
がはいる。

解答 ▶ 126ページ

計算マスフレーム

ルールにしたがって、すべてのマスに数字をいれてください。

ルール

タテの列(れつ)には、1 ～ 4 が1つずつはいる。

ヨコの列(れつ)には、1 ～ 4 が1つずつはいる。

太線の枠内(わくない)にはいる数の合計は、丸でかこんだ数字とおなじになる。

ヒント1

まず、はいる数字があきらかなところをうめましょう。

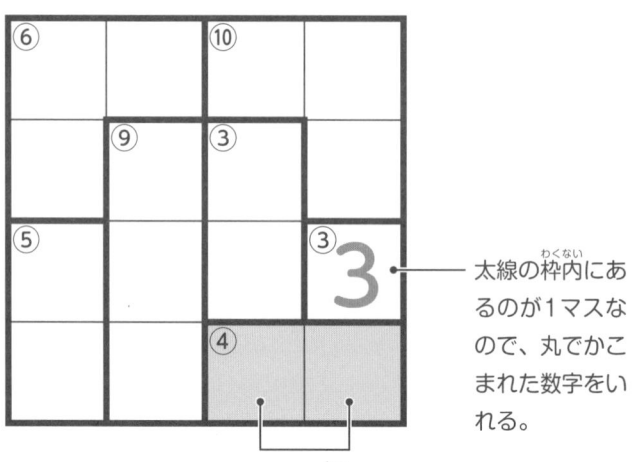

太線の枠内にあるのが1マスなので、丸でかこまれた数字をいれる。

「1」と「3」がはいるが、おなじ列におなじ数字はいれられない。

ヒント2

灰色のマスにはいるのは「1・4」か「2・3」ですが、「3」はヨコの列にあるのでいれられません。したがって、「1・4」がはいります。

「2・3」でも合計は5になるが、「3」は右のマスで使われている。

解答 ▶ 127ページ

解答・解説

第1章 思考力の基礎をかためよう

1 ピースでつくる数

解答

9	0	0

2	0		1		4

900＋20＋1＋4＝925

2 ぴったり払おう！

解答 シュークリーム

解説 シュークリームは180円です。

さいふにはいっているお金から200円をだすと、シュークリームは買えますが、20円のおつりがでます。

おつりのないように支払おうとすると、あと10円たりません。

シュークリーム　**180円**

 　200円だと、20円の
おつりがでてしまう。

 　170円だと、
10円たりない。

ナンバープレース・ミニ

解答

1	3	4	2
2	4	1	3
4	2	3	1
3	1	2	4

解説 ヒント2のあと、色をぬったマスに注目します。

	3	4	2
		1	3
4		3	1
3		2	4

（ルール②を考える）

→

	3	4	2
		1	3
4	2	3	1
3	1	2	4

（ルール①を考える）

↓

	3	4	2
	4	1	3
4	2	3	1
3	1	2	4

（ルール②を考える）

←

1	3	4	2
2	4	1	3
4	2	3	1
3	1	2	4

④ 三姉妹が食べたい料理

名前	ハルナ	ナツミ	アキエ
料理	ちらし寿司	すきやき	ビーフシチュー

解説 ハルナとナツミの食べたい料理をまとめると、つぎのようになります。

名前	ハルナ	ナツミ	アキエ
料理	ちらし寿司か ビーフシチュー	すきやきか ビーフシチュー	ビーフシチュー

ヒント2から、アキエが食べたい料理はビーフシチューとわかっているので、ハルナはちらし寿司、ナツミはすきやきになります。

⑤ マスうめ計算パズル

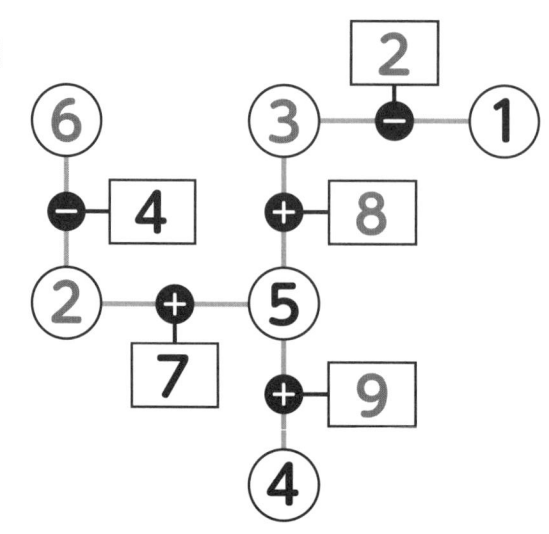

⑥ ペットの飼い主はだれ？

飼い主	マリ	ユウト	ミナ	ケンジ
ペットの名前	ミルク	ココア	ムギ	ミケ

B から、ユウトはイヌのココアかミルクを飼っています。ヒント2から、マリがミルクを飼っていることはわかっているので、ユウトが飼っているのはココアです。

飼い主	マリ	ユウト	ミナ	ケンジ
ペットの名前	ミルク	ココア		

また、**C** の「ミナはココアかムギを飼っています」から、ミナはムギを飼っていることがわかります。

飼い主	マリ	ユウト	ミナ	ケンジ
ペットの名前	ミルク	ココア	ムギ	

したがって、残るケンジはミケを飼っていることがわかります。

マリのイヌ	ユウトのイヌ	ミナのネコ	ケンジのネコ
ミルク	ココア	ムギ	ミケ

7

連鎖数字パズル

解答

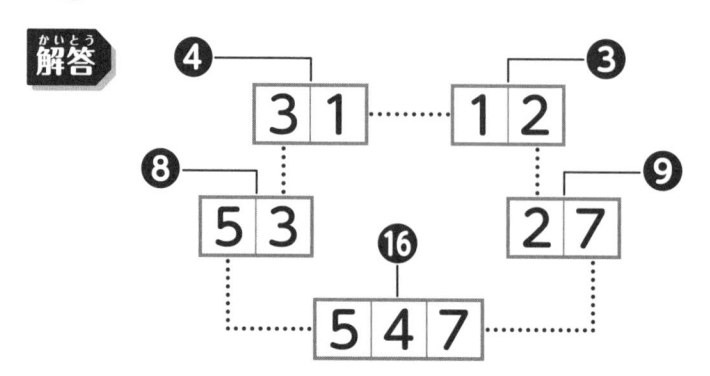

解説

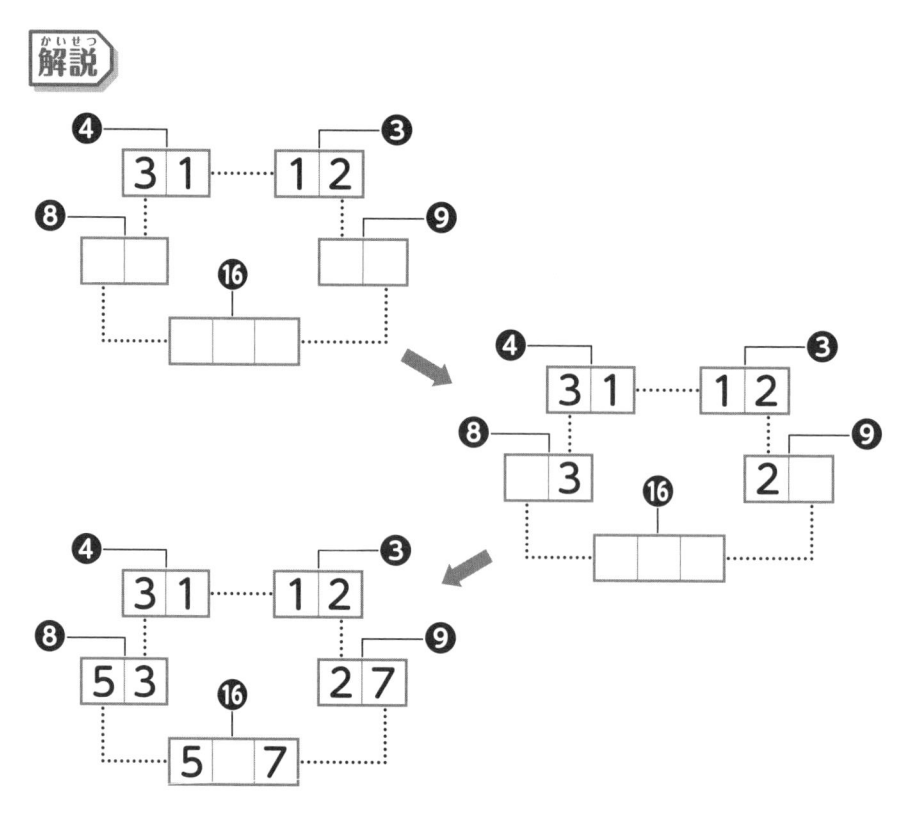

テニスの総当たり戦

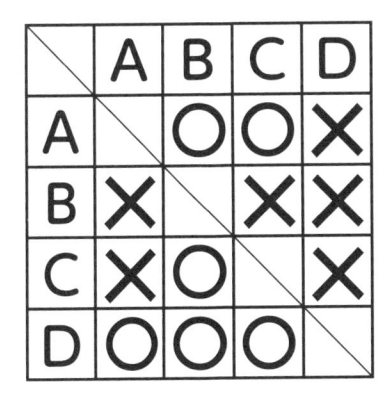

解説 ほかのメモについても記入しましょう。

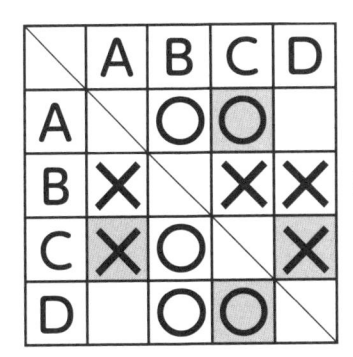

【メモ】Cは1勝2敗でした。

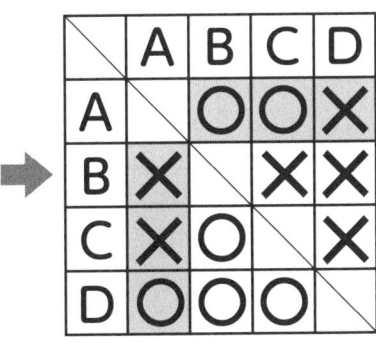

【メモ】Aは2勝1敗でした。

マイクロバスの座席

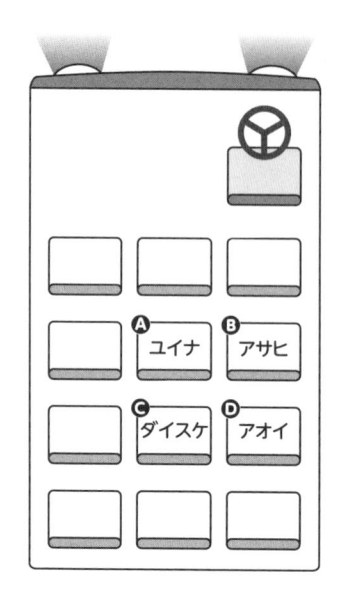

解説 ヒント1・2から、ユイナとダイスケは中央側の列にすわっています。「アサヒは4人の座席の前側にすわっています」という説明があるので、窓側には、アサヒが前方、アオイが後方の座席にすわっています。以上より、4人の座席の位置がきまります。

上までのぼろう！

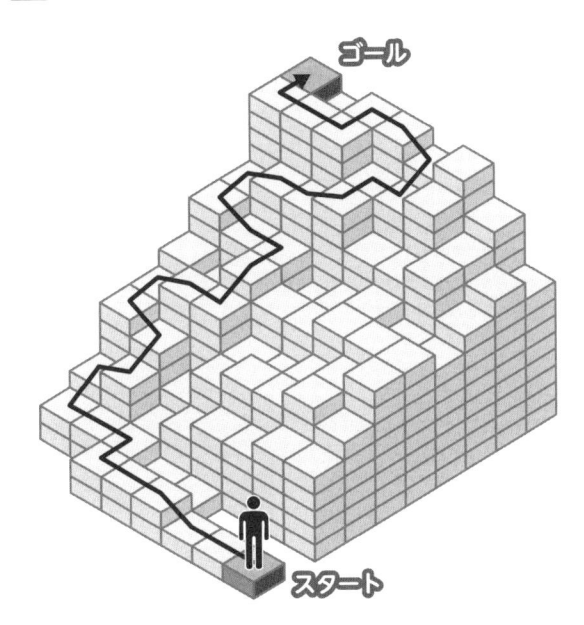

ゴール

スタート

マークをつなごう！

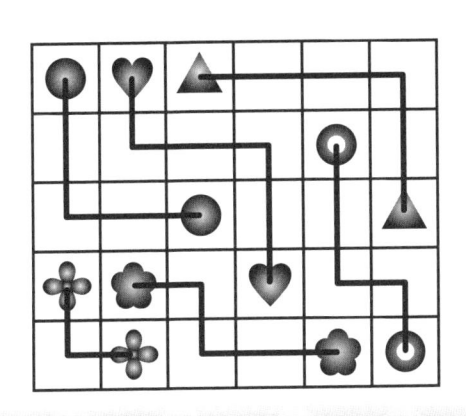

 ヒント2のあと、あきらかになったところから線をひいていくと、
スムーズにこたえに近づくことができます。

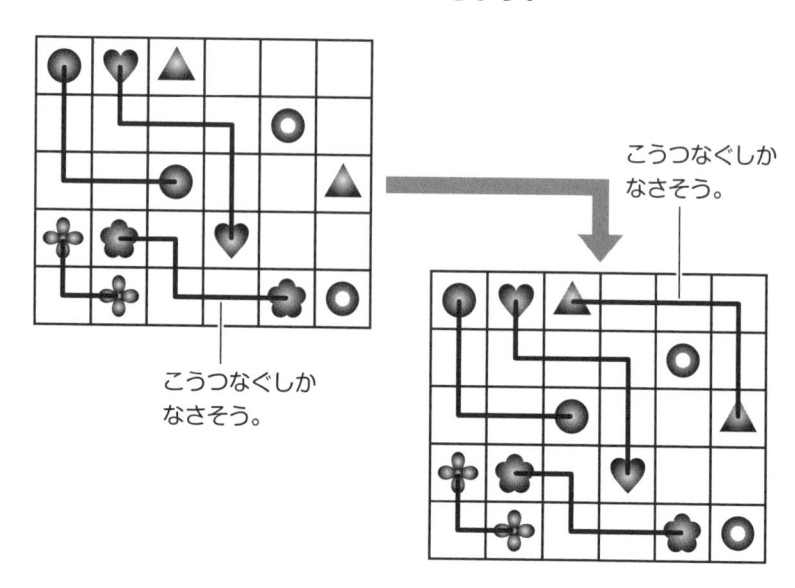

こうつなぐしか
なさそう。

こうつなぐしか
なさそう。

ペアのマーク

解答

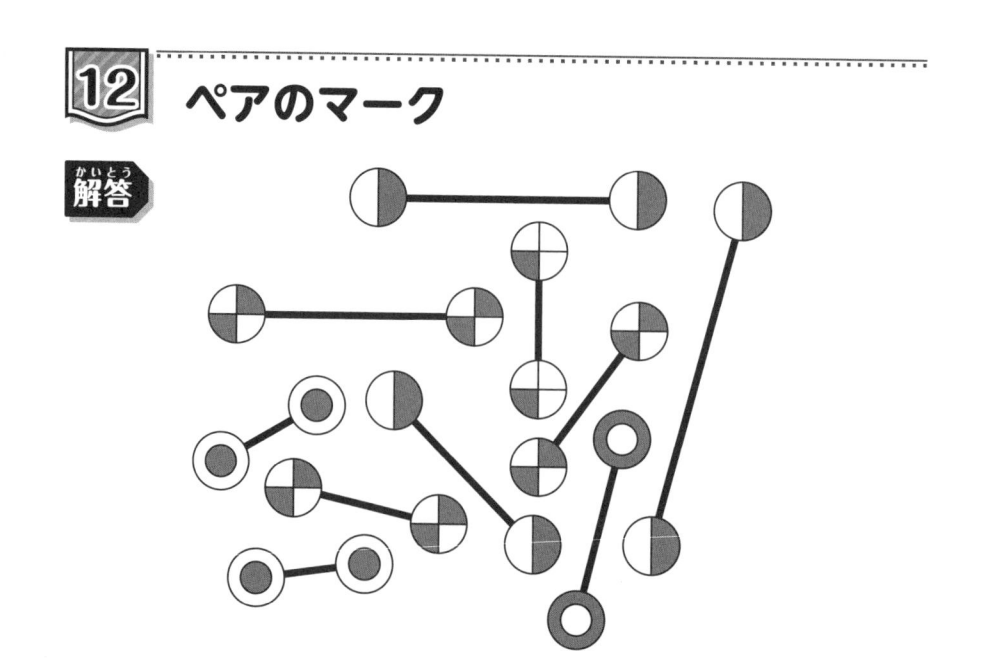

 2つしかないマークをつないでおくと、残りのマークをどうつな
ぐべきか、わかりやすくなります。

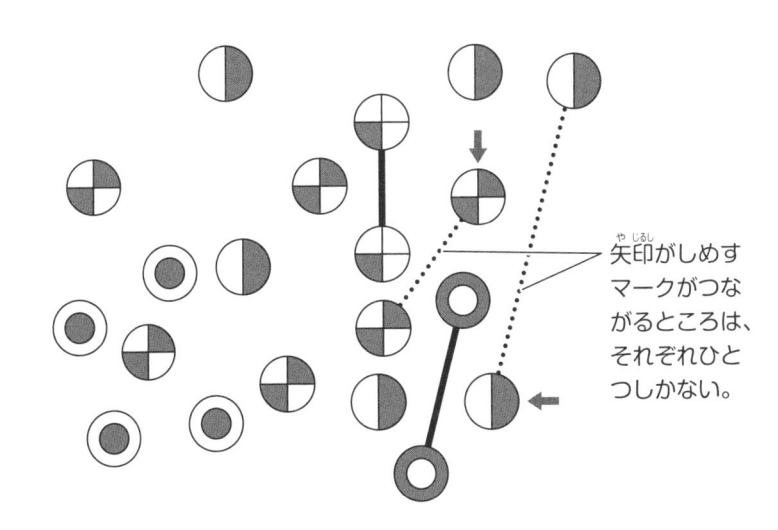

矢印がしめす
マークがつな
がるところは、
それぞれひと
つしかない。

---

13 おなじ数のタイル

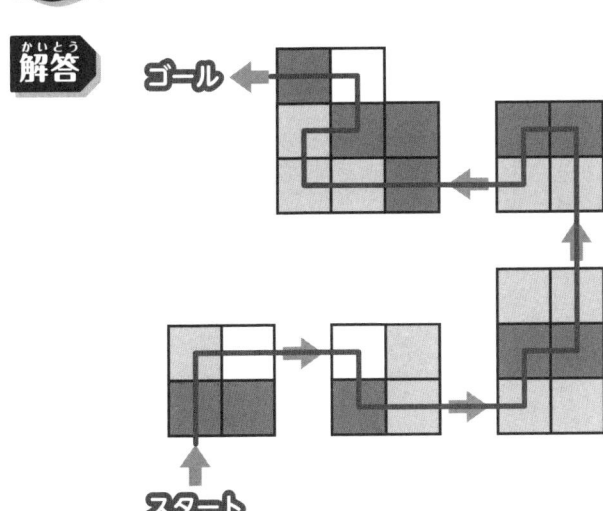

ゴール

スタート

14 立体迷路

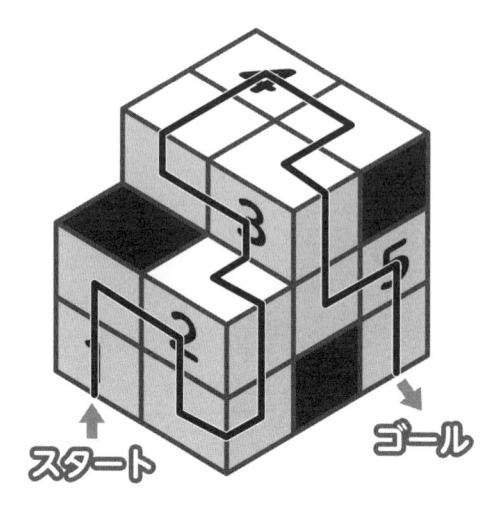

スタート　ゴール

15 3種類のマスをとおって

スタート

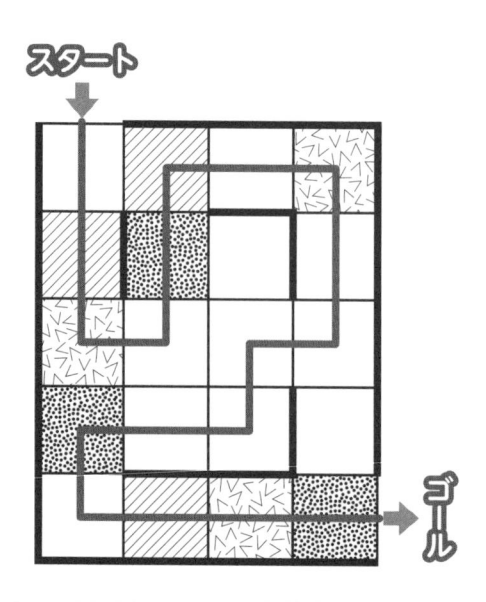

ゴール

16 積みあげたブロック

解答

解説 、**E** のどちらかが正解です。赤のブロックはいくつみえるでしょうか。

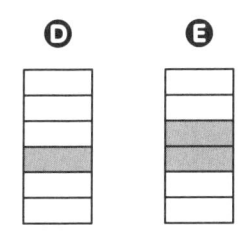

手前の白のブロックは2段、赤のブロックは3段なので、みえる赤のブロックは1つだけです。

したがって、こたえは **D** です。

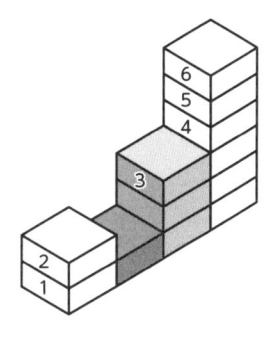

ブロックの下の段から順に番号をつけたので、確認してみましょう。

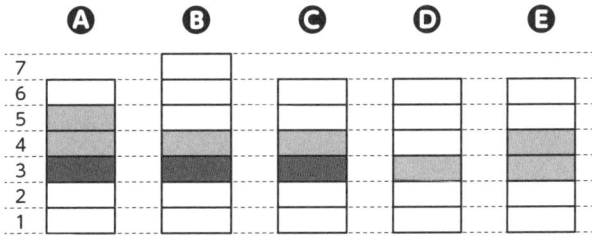

107

17 ○と□にはいる数字

解答（かいとう）

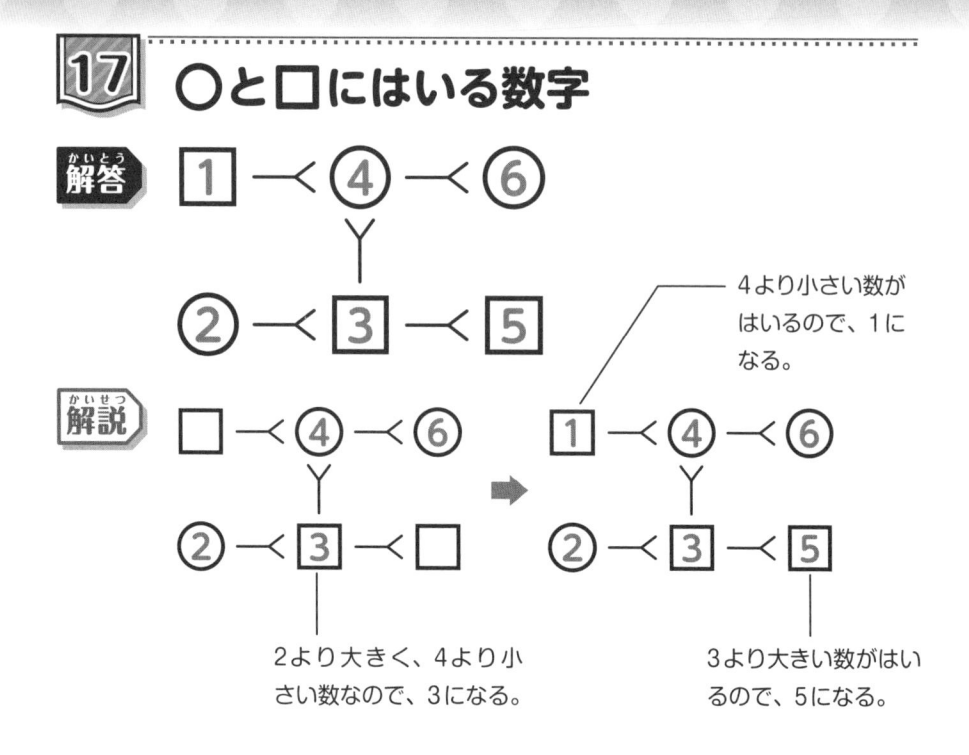

解説（かいせつ）

4より小さい数がはいるので、1になる。

2より大きく、4より小さい数なので、3になる。

3より大きい数がはいるので、5になる。

18 ジグソーピース

解答（かいとう）  Ⓑ

解説（かいせつ）

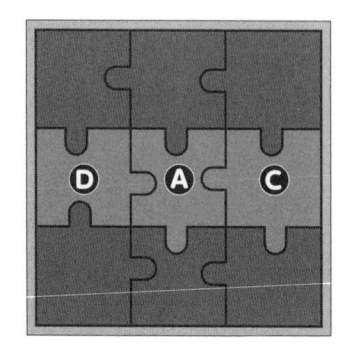

あまるピース

スイーツの値段

解答
ゼリー：240円
クッキー：200円
マフィン：320円

解説
ヒマリの「ゼリーを2個買って480円でした」より、
　　480 ÷ 2 = 240　　　ゼリー……240円
カエデの「ゼリーとマフィンを1個ずつ買って560円でした」より、
　　560 − 240=320　　　マフィン……320円
タツキの「クッキーとマフィンを1個ずつ買って520円でした」
より、
　　520 − 320=200円　　　クッキー……200円

20 風船あがれ！

マーク	⬤	▲	✿
数字	3	1	2

解説^{かいせつ}

ヒント2の風船をみましょう。
もし、▲が「2」だとすると、⬤は
「4」より大きくなってしまいます。
マークは1、2、3のことなる数字
をあらわしているので、▲が「1」、
⬤が「3」であることがわかります。
残る^{のこ}✿は「2」です。

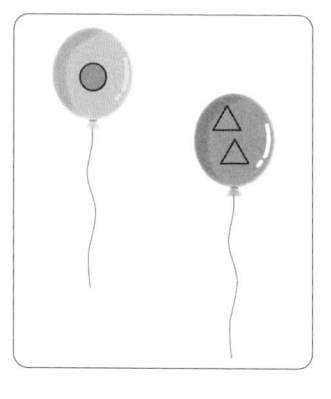

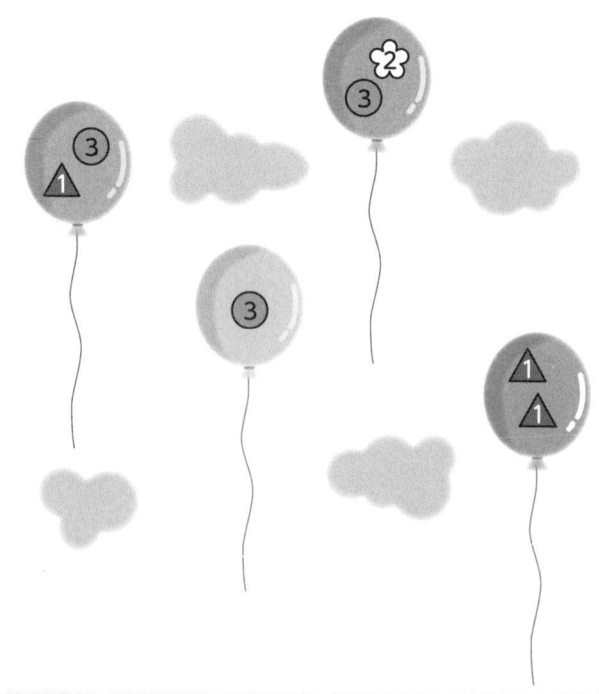

110

つなげてタウンマップ

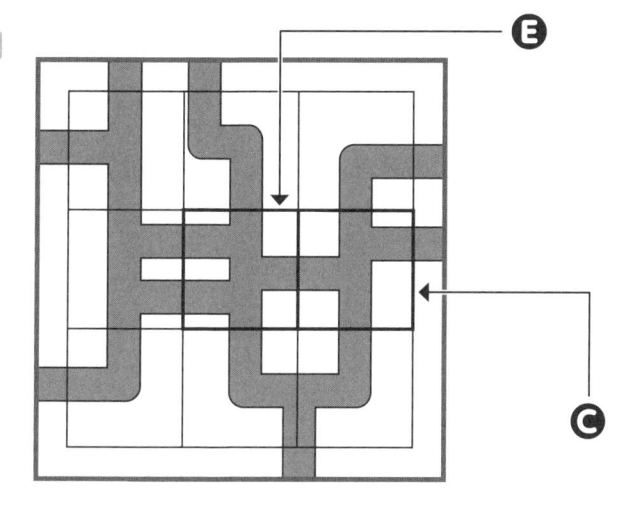

合計をそろえよう！

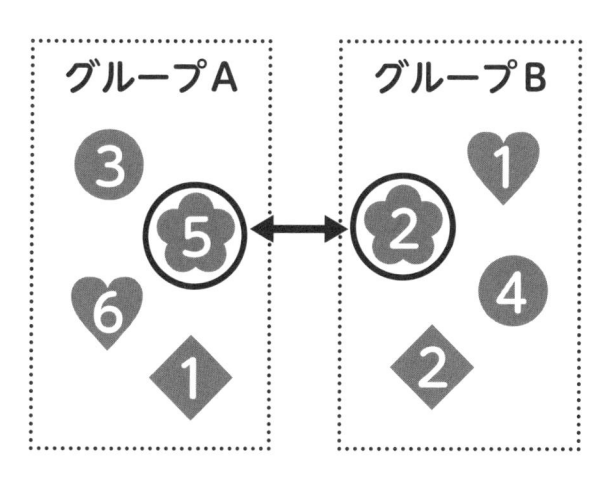

グループA　　　　　グループB

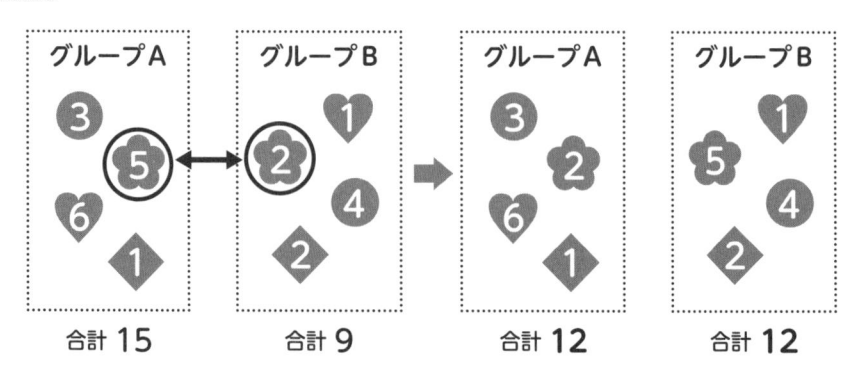

グループA	グループB	グループA	グループB
合計 15	合計 9	合計 12	合計 12

23 動かしたピース

解答 Ⓐ

解説 **1**は、右の図のようにピースが組みあわされています。ここからピースを1つだけ動かして**2**にするには、どうすればよいでしょうか。
頭のなかで1つずつピースを動かしてみましょう。

1 組みあわせた形

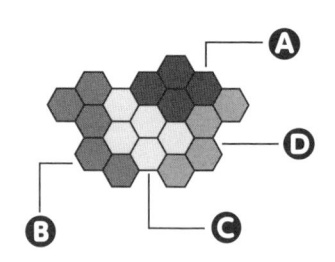

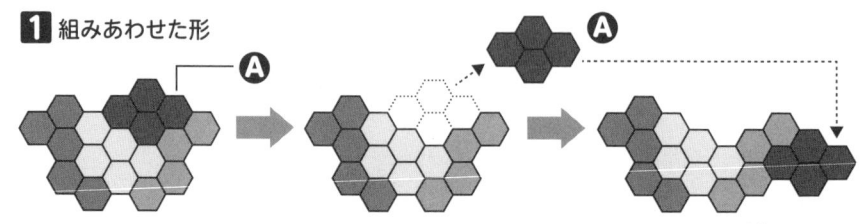

2 ピースを1つ動かした形

  図形の一部

解答 C

解説 ヒント2のあと、**う**があるかチェックしてみると、**B**と**C**に
おなじ図形がみつかりました。

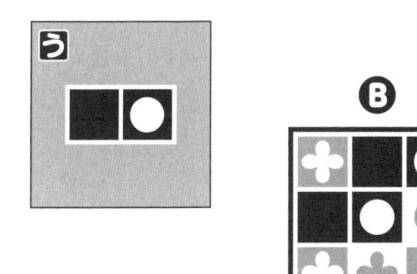

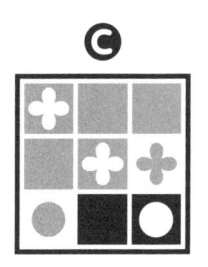

つぎに **え** があるかチェックしてみると、こたえが **C** にきまりま
す。

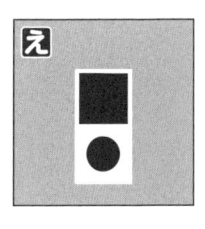

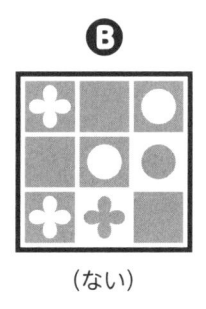

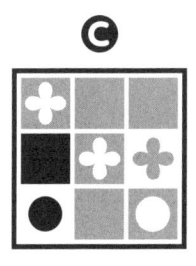

(ない)

第4章 すみずみまで観察しよう

25 おなじピースをさがして

解答 **C**

解説

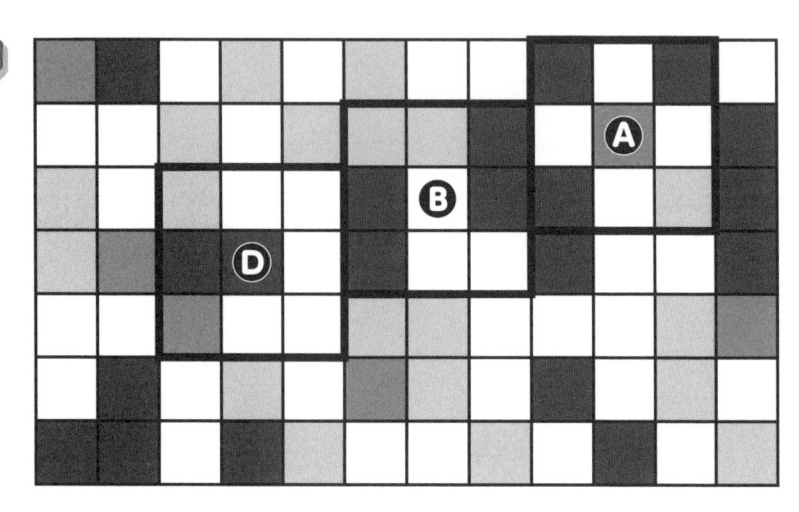

26 立方体の展開図

解答 **D**

解説 あと❻の面がかさなるのは**D**です。

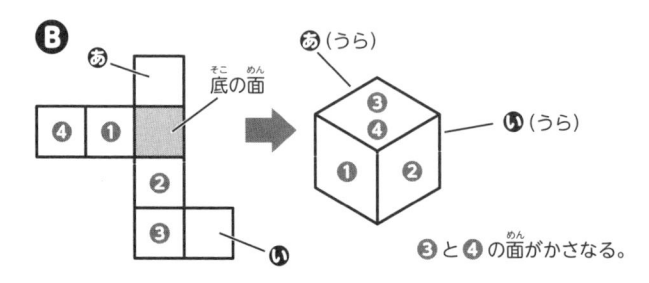

114

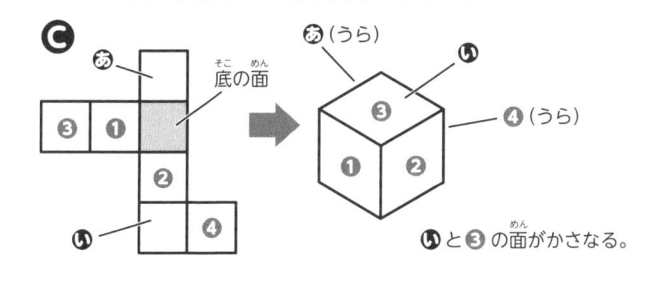

Ⓒ あ ／ 底の面（そこ の めん） ／ ③ ① ／ ② ／ い ④

あ（うら） ／ い ／ ③ ／ ④（うら） ／ ① ②

いと③の面（めん）がかさなる。

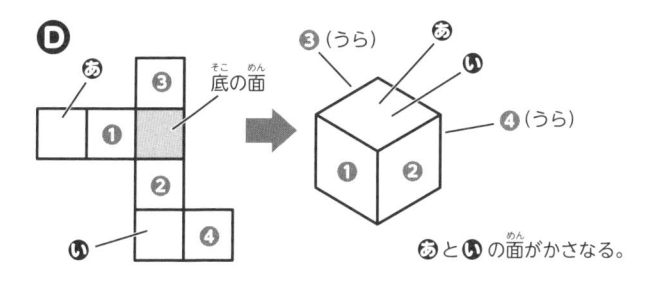

Ⓓ あ ／ ③ ／ 底の面（そこ の めん） ／ ① ／ ② ／ い ④

③（うら） ／ あ ／ い ／ ④（うら） ／ ① ②

あといの面（めん）がかさなる。

㉗ ロボット監視迷路（かんし めいろ）

解答（かいとう）

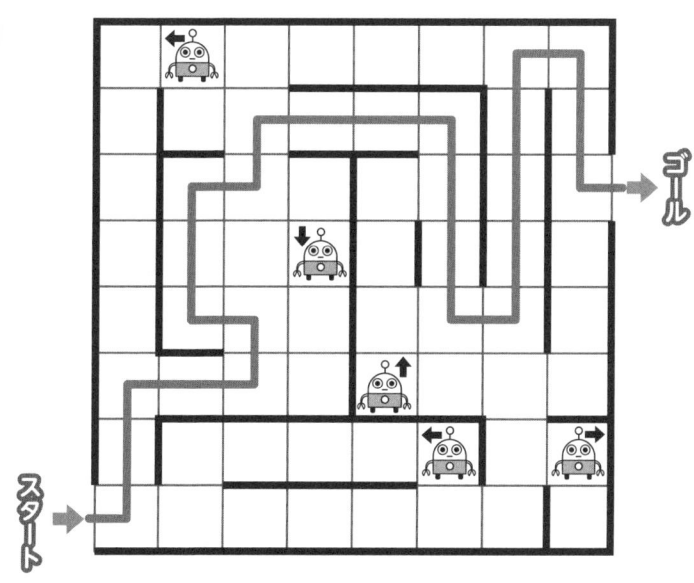

スタート ／ ゴール

立体イメージパズル

 Ⓐ

解説 ヒント1・2から、Ⓑ、Ⓓはこたえではありません。
もとの立体を上からみた図とⒶ、Ⓒをくらべてみると、もと
の立体はⒶだとわかります。

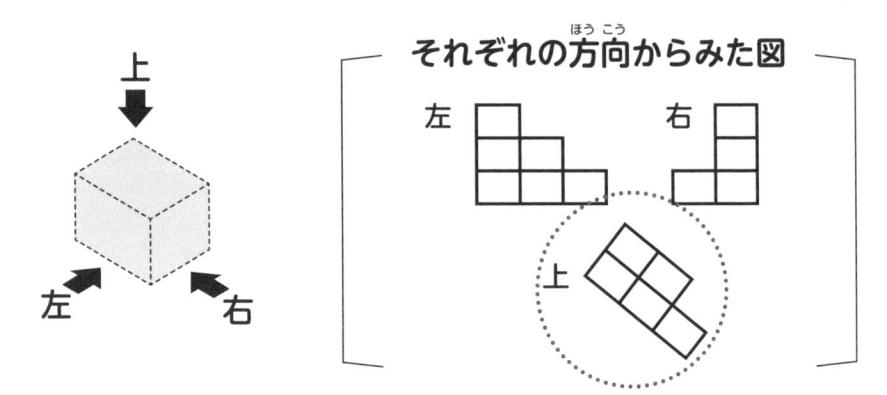

それぞれの方向からみた図

左　右　上

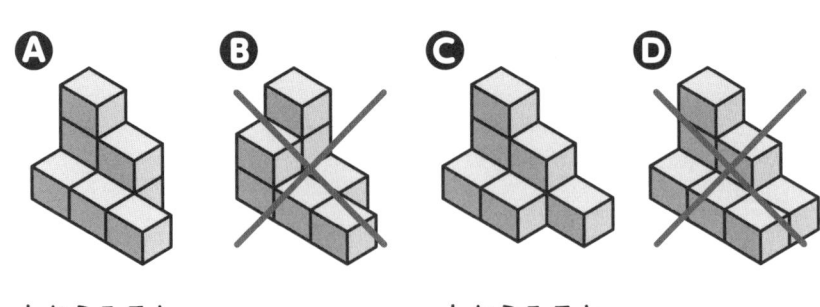

Ⓐ　Ⓑ　Ⓒ　Ⓓ

上からみると

（もとの立体とおなじ）

上からみると

（もとの立体とはちがう）

 4ピースひらがなパズル

 ひまわり

 回転まちがいさがし

 D

もとの図形

もとの図形とくらべやすいように、A～Dを回転させてみました。点線でかこんだところがちがいます。

解答・解説

117

タイルを動かして

解答  **E・G**

解説 もとの図形からタイルを1枚だけ動かしてつくる方法は下のとおりです。動かし方はほかにもあります。

もとの図形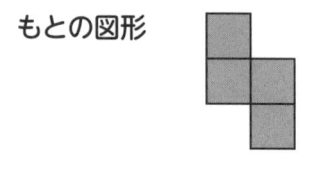

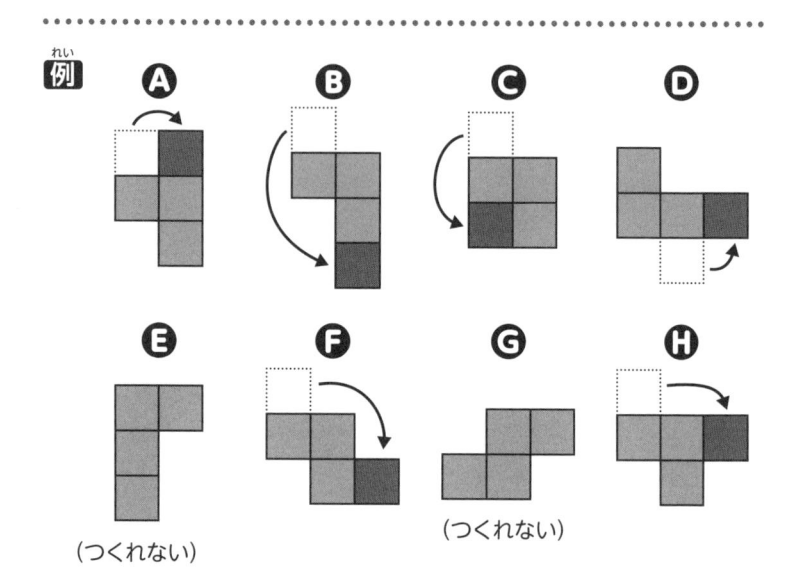

例

A **B** **C** **D**

E **F** **G** **H**

(つくれない)　　　　　　(つくれない)

かくされた正方形

 11個

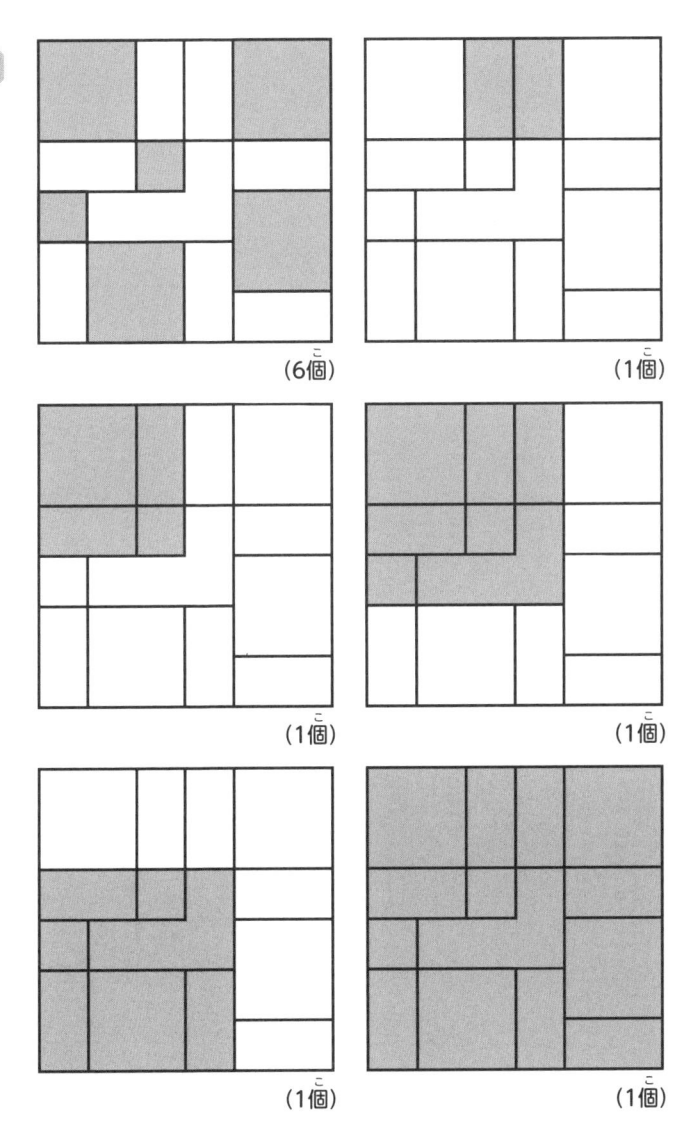

(6個)　　　　　　　(1個)

(1個)　　　　　　　(1個)

(1個)　　　　　　　(1個)

宝箱をもって脱出

解答

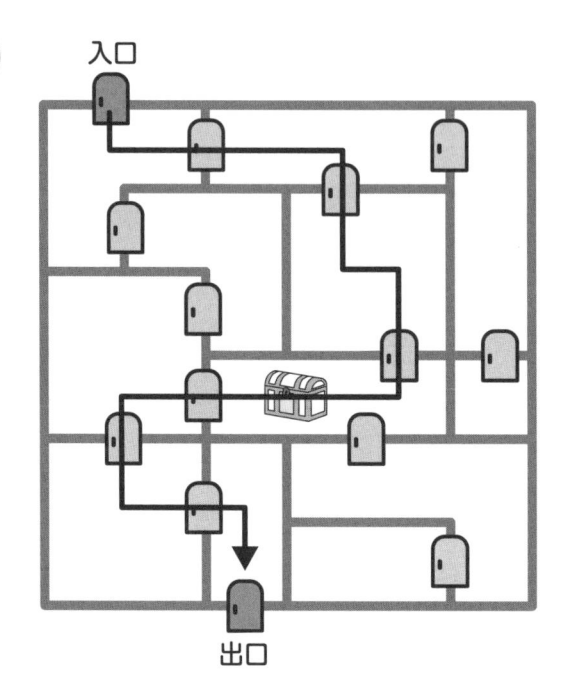

入口

出口

34 上からとって！

解答 （つぎの手順でとる）

1回め：3と1
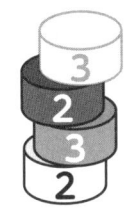  

2回め：2と2
  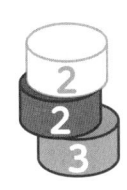

3回め：3と1
 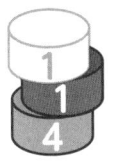 

4回め：2と2

5回め：1と3

6回め：4

これですべてとれる。

びっくりトンネル

 トンネルがない状態で確認してみましょう。

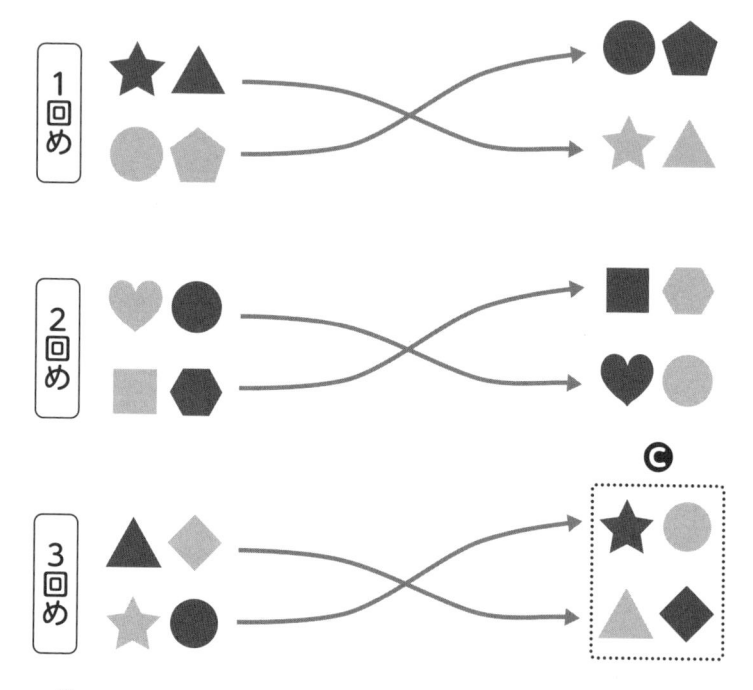

上の段の図形は下の出口から、下の段の図形は上の出口からでて
います。

また、色のうすい図形はこくなり、色のこい図形はうすくなって
います。

したがって、こたえは C です。

122

36 宝石をさがせ！

 解答

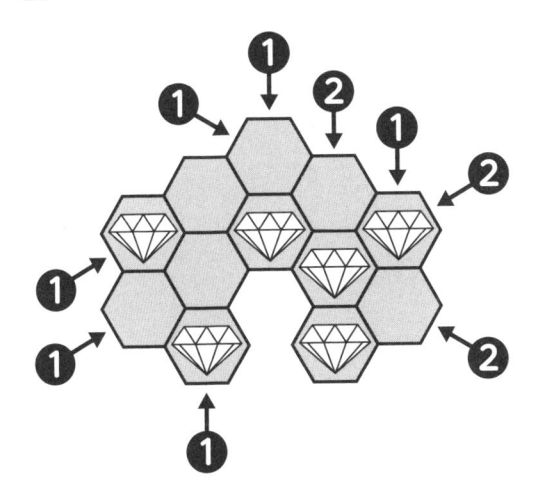

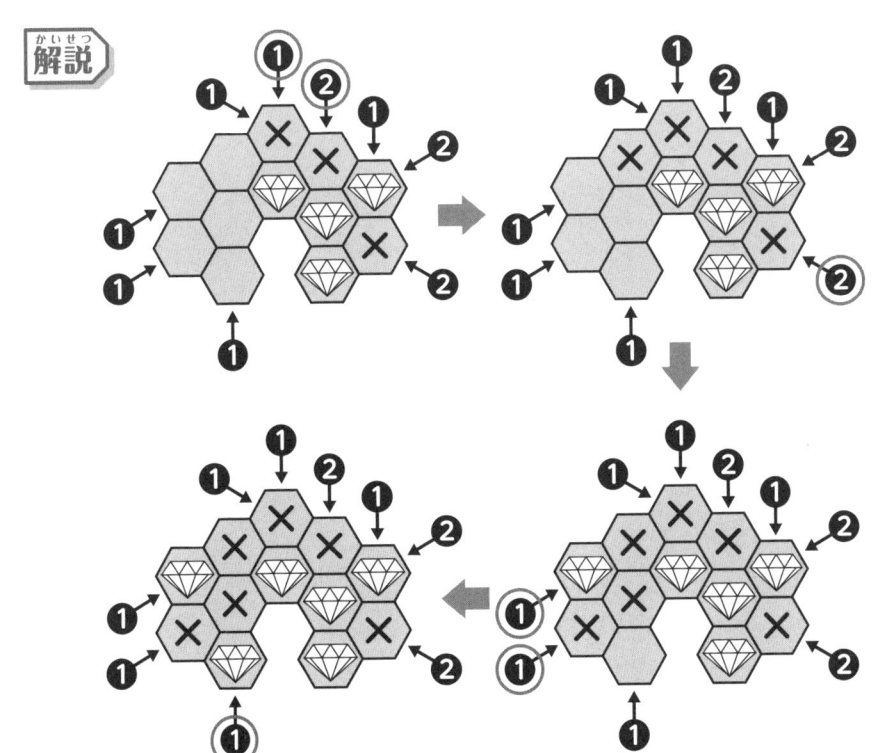 解説

37 数字にかくされた枠

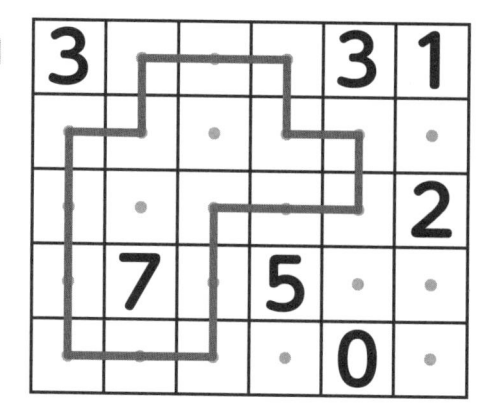

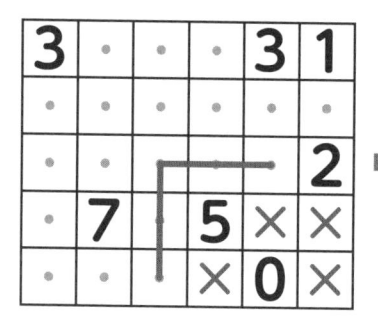
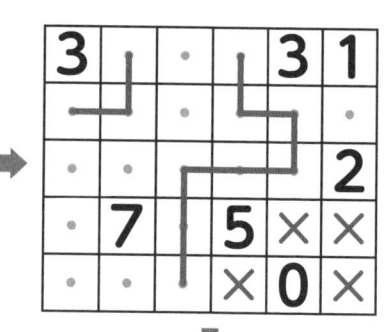

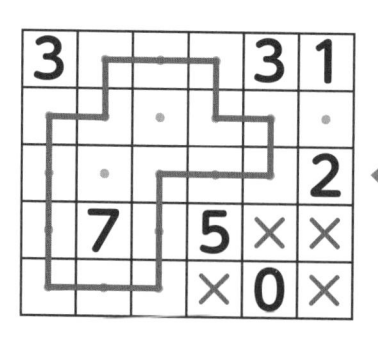
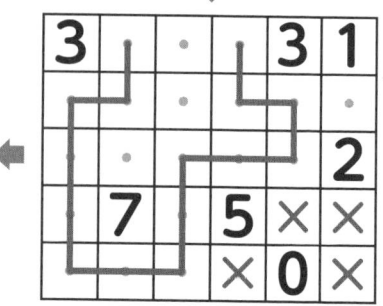

38 移動するロボット

 解答

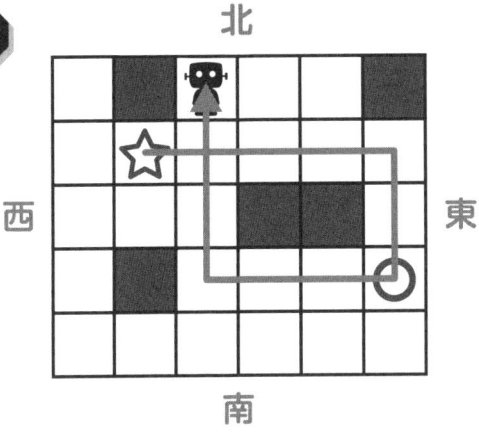

実行していない移動：❹

 解説

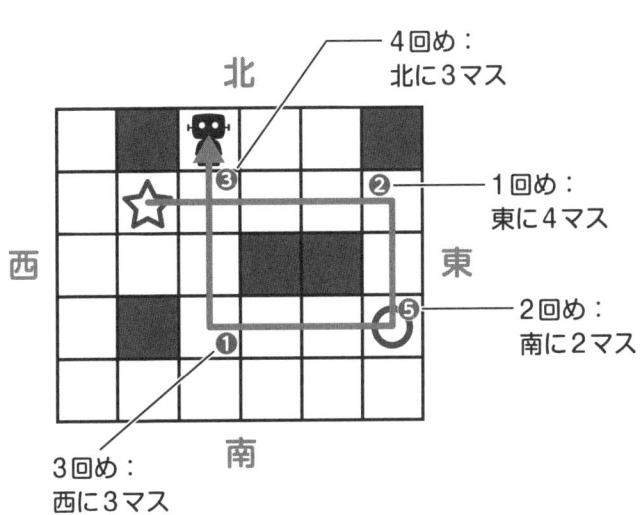

4回め：
北に3マス

1回め：
東に4マス

2回め：
南に2マス

3回め：
西に3マス

クロスボックス

解答

解説

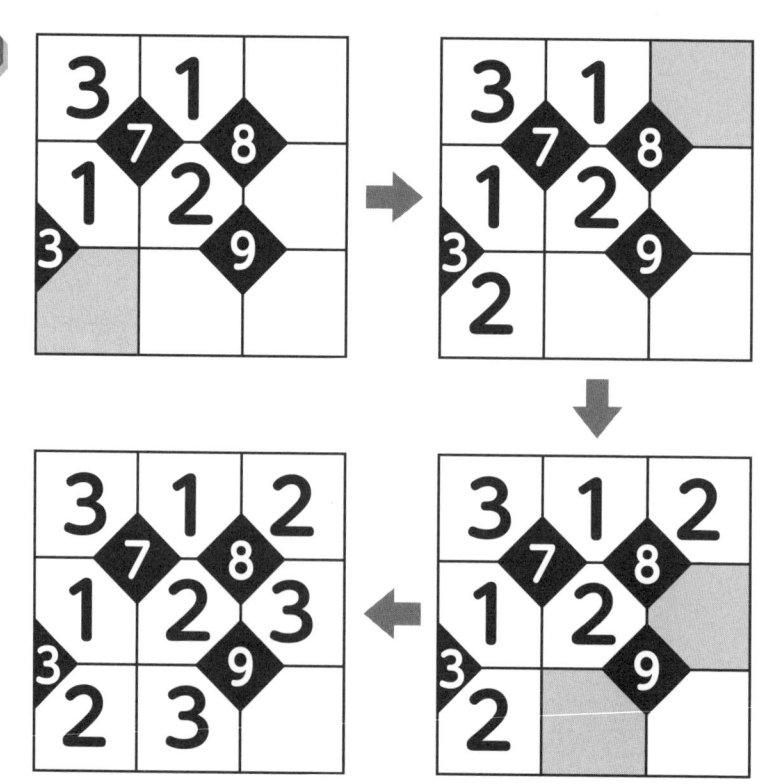

 **計算マスフレーム**

解答

⑥3	1	⑩4	2
2	⑨3	③1	4
⑤1	4	2	③3
4	2	④3	1

解説

第1図

⑥		⑩	
	⑨	③	
⑤1			③3
4	2	④3	1

→

第2図

⑥		⑩	
	⑨	③	1
⑤1		2	③3
4	2	④3	1

↓

第3図

⑥		⑩	4
	⑨3	③	1
⑤1	4	2	③3
4	2	④3	1

←

第4図

⑥3	1	⑩4	
2	⑨3	③1	
⑤1	4	2	③3
4	2	④3	1

解答・解説

北村 良子 (きたむら りょうこ)

1978年生まれ。有限会社イーソフィア代表取締役。パズル作家。新聞や雑誌、TV番組、会報誌などのパズルやクイズ、心理テスト、占いを作成し、子ども向けからシニア向け、ビジネスパーソン向けまで幅広い著書を執筆している。代表作は『論理的思考力を鍛える33の思考実験』(彩図社)、『楽しみながらステップアップ! 論理的思考力が6時間で身につく本』(大和出版)ほか多数。

[X] @sophia_puz

運営サイト　[IQ脳.net] https://iqno.net/
　　　　　　[老年若脳] https://magald.com/

- 編　　集　ワン・ステップ
- デザイン　VolumeZone
- イラスト　川下 隆

論理的思考力ナゾトレ 第3ステージ（サード）　レベル1

初版発行　2024年8月

著　者　北村 良子
発行所　株式会社 金の星社
　　　　〒111-0056 東京都台東区小島 1-4-3
　　　　電話　03-3861-1861 (代表)
　　　　FAX　03-3861-1507
　　　　振替　00100-0-64678
　　　　ホームページ　https://www.kinnohoshi.co.jp

印　刷　広研印刷 株式会社
製　本　東京美術紙工

NDC410　128p.　21.6cm　ISBN978-4-323-06228-0

論理的思考力 ナゾトレ
第3(サード)ステージ

全3巻　北村良子 著

シリーズNDC410　A5判／128ページ
図書館用堅牢製本

レベル1

レベル2

レベル3

ナゾに挑んで 思考力トレーニング！

楽しい問題を解くだけで、論理的思考力が身につくクイズ＆パズル集。選びぬかれた問題をテーマ別に収載し、考えをみちびくためのヒントも掲載。自分の力にあわせてチャレンジができて、悩むことがうれしくなります。さあ、心躍るようなナゾに挑んで、思考力トレーニングを始めましょう！

～各巻 テーマ構成～

第1章
思考力の基礎をかためよう
問題文をしっかり読み、よく理解する力を身につけ、思考するための準備をします。

第2章
突破のポイントをさぐろう
問題解決のポイントをさぐり、様々な方法で突破口を見つける力をやしないます。

第3章
比較から解決にみちびこう
ものごとを比べ、ちがいを見つけることで、解決にみちびくトレーニングをします。

第4章
すみずみまで観察しよう
イラストや図形を正確に観察し、かくされた情報をイメージする力をやしないます。

第5章
思考をすすめる力をつけよう
集中して問題に向きあい、行きづまった状況から脱する力を身につけます。